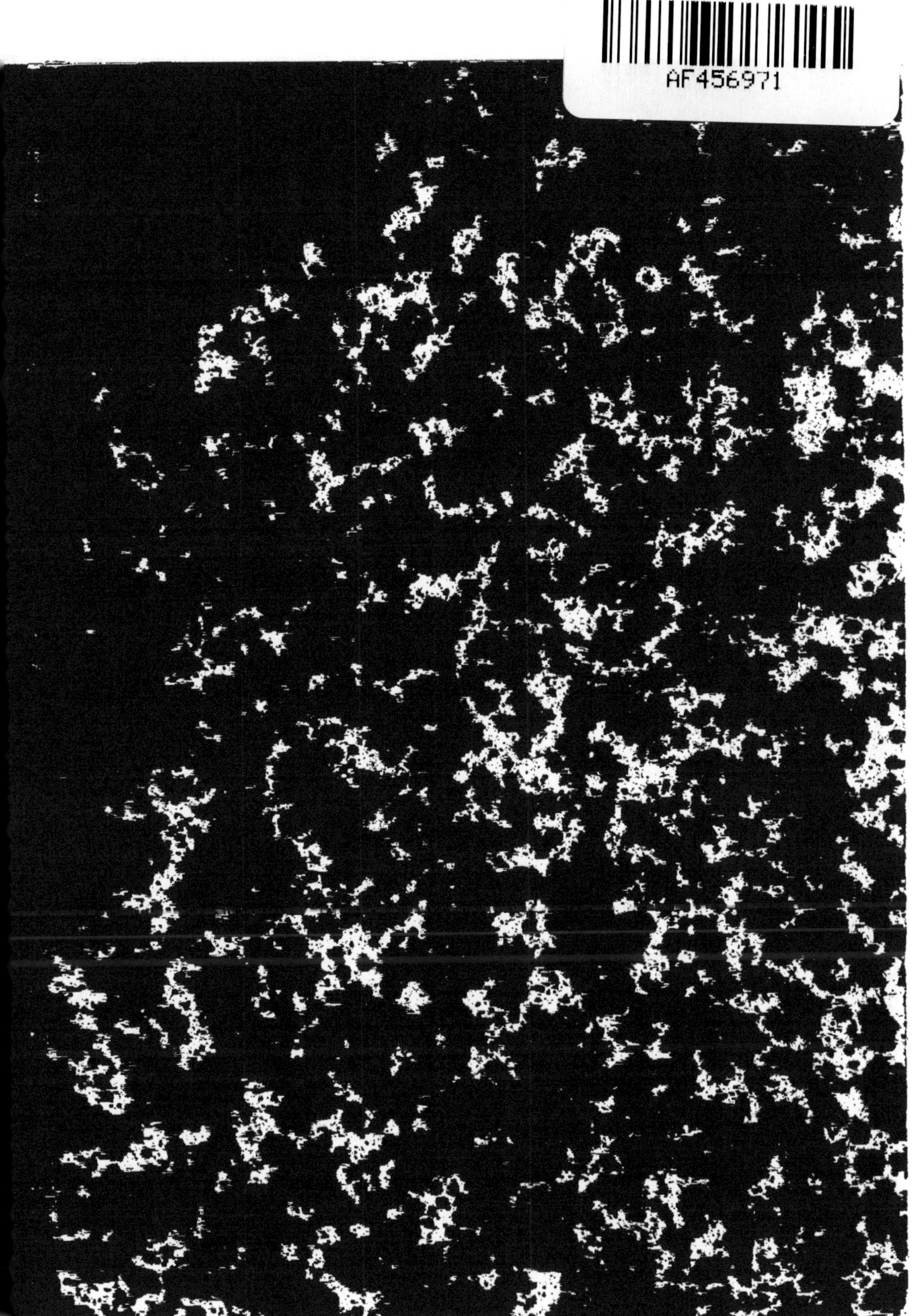

MÉMOIRE

SUR

LES SURFACES

DONT LES LIGNES DE COURBURE

SONT PLANES OU SPHÉRIQUES

MÉMOIRE

SUR

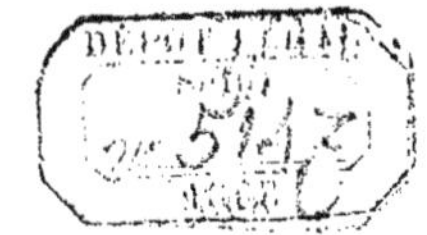

LES SURFACES

DONT LES LIGNES DE COURBURE

SONT PLANES OU SPHÉRIQUES

PAR

H. LEMONNIER

Ancien Élève de l'École normale
Professeur de Mathématiques spéciales au lycée Napoléon

PARIS
IMPRIMÉ PAR E. THUNOT ET Cie
RUE RACINE, 26, PRÈS DE L'ODÉON

1868

MÉMOIRE

SUR

LES SURFACES

DONT LES LIGNES DE COURBURE

SONT PLANES OU SPHÉRIQUES

INTRODUCTION

Différents géomètres se sont occupés des surfaces dont les lignes de courbure sont planes ou sphériques. Monge, dans son *Application de l'analyse à la géométrie*, traite particulièrement des surfaces que décrivent des lignes situées dans les plans tangents au cylindre, au cône, à une surface développable, quand on fait rouler le plan sur la surface.

M. Ossian Bonnet, le premier, s'est placé à un autre point de vue. Dans un mémoire présenté à l'Académie des sciences le 18 janvier 1853, il s'est proposé de rechercher les surfaces dont toutes les lignes de courbures sont planes, en partant de leur équation aux différentielles partielles de second ordre. M. A. Serret, dès le 24 du même mois, présentait à l'Académie de nouvelles recherches sur le même sujet; mais il prenait pour point de départ un théorème de Joachimstal, qui lui donnait les intégrales du premier ordre du problème. Il a ensuite étendu son travail aux surfaces dont les lignes de courbure sont, les unes planes, les autres sphériques, et à celles où ces lignes sont toutes sphériques (Journal de M. Liouville, t. XVIII). M. Bonnet a également développé ses premières recherches (Journal de l'École polytechnique, t. XX).

Mon objet est ici de reprendre les mêmes questions. Je suis conduit aux mêmes divisions que M. Serret. J'ai tenu à conserver presque partout les mêmes notations. Mon travail est différent par la marche que j'ai suivie dans la discussion des équations fondamentales de chaque problème; à côté de l'analyse, je fais intervenir à l'occasion des considérations géométriques, quand elles donnent lieu à quelque simplification, ou qu'elles peuvent contribuer à la résolution de la question. Dans la recherche des équations des différentes surfaces, j'ai procédé par une méthode uniforme, en me proposant d'obtenir les équations des lignes de courbure elles-mêmes, d'abord sous une forme différentielle, puis en quantités finies, ou au moyen de simples quadratures.

Cette étude se partage en trois divisions principales. Dans la première, le problème est de trouver les surfaces dont les lignes de courbure sont toutes planes ; dans la seconde, de trouver celles dont les lignes de courbure sont les unes planes, les autres sphériques ; dans la troisième, il s'agit des surfaces dont les lignes de courbure sont toutes sphériques. Chacun de ces chapitres se subdivise suivant les circonstances en différentes sections.

CHAPITRE PREMIER

Surfaces dont les lignes de courbure sont toutes planes.

PRÉLIMINAIRES

1. Quand on fait rouler sur une surface développable un plan tangent à cette surface, tout point du plan décrit une ligne orthogonale à ses positions successives ; toute droite du plan décrit une autre surface développable dont l'arête de rebroussement est le lieu des points de contact de la droite sur la surface fixe. Cette arête est une développée de la ligne décrite par chaque point de la droite

mobile, et elle est sur la surface fixe une ligne géodésique, parce qu'elle se transforme en une droite quand la surface se développe sur un plan.

2. Qu'on fasse rouler sur la surface polaire d'une ligne à double courbure un plan normal à cette ligne, si l'on considère dans une position particulière du plan une normale à la ligne, la droite, en se mouvant avec le plan, décrira une surface développable ayant son arête de rebroussement sur la surface polaire, et cette arête sera une développée de la ligne. Deux normales prises dans le même plan normal décriront deux surfaces développables se coupant tout le long de la ligne sous un angle constant. De là différents théorèmes connus.

Les tangentes à deux développées d'une ligne à double courbure aboutissant aux mêmes points de cette ligne s'y coupent sur un angle constant.

Si les génératrices d'une surface développable tournent d'un même angle autour d'une ligne qui en soit une trajectoire orthogonale, le lieu de leurs nouvelles positions est une autre surface développable, et le lieu des arêtes de rebroussement de ces surfaces, quand l'angle varie, est la surface polaire de la ligne fixe.

Quand deux surfaces se coupent sous un angle constant, si la ligne d'intersection est une ligne de courbure sur l'une des surfaces, elle l'est également sur l'autre.

Quand l'intersection de deux surfaces est une ligne de courbure sur chacune d'elles, ces surfaces se coupent sous un angle constant.

Comme sur le plan et la sphère toute ligne est une ligne de courbure, l'intersection d'une surface par un plan ou une sphère en est une ligne de courbure, si la surface est coupée sous un même angle tout le long de l'intersection.

Réciproquement, quand une ligne de courbure d'une surface est plane ou sphérique, la surface est coupée sous un angle constant tout le long de cette ligne par le plan ou la sphère qui la contient.

Il en résulte que la développable circonscrite à une surface le long d'une ligne de courbure plane est un hélicoïde développable.

3. Si l'on considère, comme correspondant à toute ligne située sur une surface, le lieu des extrémités des rayons d'une sphère parallèles aux normales menées à la surface le long de cette ligne, à toute section plane il correspondra un cercle, et réciproquement. Quand les lignes de courbure des deux systèmes sont planes, les lignes correspondantes forment donc deux séries de cercles

orthogonaux. On sait que de pareils cercles sont les sections de la sphère par les plans menés suivant deux droites H, H' polaires conjuguées l'une de l'autre par rapport à la sphère. Les plans des lignes de courbure sont en conséquence parallèles à ces droites respectivement : théorème dû à M. Bonnet, que nous retrouverons plus loin par l'analyse.

Remarquons, comme corollaire, que les lignes de courbure d'une surface sont toutes planes, du moment que celles d'un système étant planes, les cercles qui y correspondent sur une sphère ont un même axe radical H. Car alors les lignes orthogonales à ces cercles, et par conséquent correspondantes aux lignes du second système, sont les sections de la sphère par les plans menés suivant la droite H' polaire conjuguée de H. Les lignes du second système sont donc planes, puisque chacune a ses tangentes parallèles à un même plan.

4. Soient par rapport à des axes rectangulaires

$$ax + by + cz = u, \quad \alpha x + \beta y + \gamma z = \upsilon,$$

les équations générales des plans des lignes de courbure de l'une et de l'autre séries. Les coefficients a, b, c, u ou simplement leurs rapports pourront s'estimer comme des fonctions de l'un d'eux ou d'une même variable t; et de même, $\alpha, \beta, \gamma, \upsilon$ ou leurs rapports comme des fonctions de l'un d'eux ou d'une même variable τ. En faisant varier soit t, soit τ, on passera d'une ligne à une autre dans la même série.

Si l'équation du plan tangent à la surface en un point (x, y, z) se prend sous la forme,

$$Z - z = p(X - x) + q(Y - y),$$

on aura pour le cosinus de l'angle sous lequel la surface est coupée par le plan qui a pour équation $ax + by + cz = u$, l'expression

$$\frac{-ap - bq + c}{\sqrt{a^2+b^2+c^2}.\sqrt{1+p^2+q^2}};$$

on peut donc poser

$$-ap - bq + c = l\sqrt{1+p^2+q^2},$$

et de même,

$$-\alpha p-\beta q+\gamma=\lambda\sqrt{1+p^2+q^2},$$

en désignant par l, et λ des fonctions de t et de τ.

5. Il y a entre les constantes $a, b, c, l, \alpha, \beta, \gamma, \lambda$ relatives à deux lignes de courbure de systèmes différents une relation fondamentale que M. Serret établit par le calcul. Nous la déduirons ici d'une considération géométrique.

Soient MT, MT' les tangentes en un point M de la surface aux deux lignes de courbure qui s'y coupent. Les plans normaux aux deux lignes en ce point se coupent suivant la normale MN perpendiculairement l'un à l'autre; ce sont les plans TMN, T'MN. Or ils contiennent l'un l'axe MP du plan de la première ligne de courbure, l'autre l'axe MP' du plan de la seconde, de sorte qu'ils ne sont autre chose que les plans NMP', NMP. Si l'on considère l'angle trièdre ayant pour arêtes MP, MP', MN, on aura donc

$$\cos(\mathrm{MP}, \mathrm{MP}')=\cos(\mathrm{MN}, \mathrm{MP}).\cos(\mathrm{MN}, \mathrm{MP}'),$$

c'est-à-dire

$$\frac{a\alpha+b\beta+c\gamma}{\sqrt{a^2+b^2+c^2}\,\sqrt{\alpha^2+\beta^2+\gamma^2}}=\frac{-ap-bq+c}{\sqrt{a^2+b^2+c^2}\,\sqrt{1+p^2+q^2}}\cdot\frac{-\alpha p-\beta q+\gamma}{\sqrt{\alpha^2+\beta^2+\gamma^2}\,\sqrt{1+p^2+q^2}},$$

par suite

$$a\alpha+b\beta+c\gamma=l\lambda.$$

Cette relation est applicable tout le long d'une même ligne de courbure, en faisant varier les coefficients qui se rapportent aux lignes de l'autre série; elle est susceptible par conséquent d'être différentiée par rapport aux variables t et τ, tel nombre de fois qu'on voudra. Les dérivées de a, b, c, l, u par rapport à t, celles de $\alpha, \beta, \gamma, \upsilon, \lambda$ par rapport à τ pourront sans ambiguïté se désigner simplement par $a', b', c', u', l', \alpha', \beta', \gamma', \upsilon', \lambda'$ pour le premier ordre, par a'', b'', c'', u'', l'' et $\alpha'', \beta'', \gamma'', \upsilon'', \lambda''$ pour le second ordre, et ainsi de suite.

6. A l'égard des surfaces dont les lignes de courbure sont toutes planes, nous avons ainsi les équations

$$(1)\quad \begin{aligned} ax + by + cz &= u \\ -ap - bq + c &= l\sqrt{1+p^2+q^2} \end{aligned} \qquad (2)\quad \begin{aligned} \alpha x + \beta y + \gamma z &= \upsilon \\ -\alpha p - \beta q + \gamma &= \lambda\sqrt{1+p^2+q^2} \end{aligned}$$

$$(3)\quad a\alpha + b\beta + c\gamma = l\lambda.$$

Réciproquement, les lignes de courbure d'une surface sont toutes planes quand ces équations sont satisfaites pour tous les points de la surface.

D'abord, les sections de la surface par les plans que détermine la première des équations (1), quand on fait varier t, sont des lignes de courbure, puisque ces plans coupent la surface chacun sous un même angle tout le long de la section. Pour semblable raison, les sections de la surface par les plans que détermine l'équation $\alpha x + \beta y + \gamma z = \upsilon$, quand on fait varier τ, sont aussi des lignes de courbure. Mais, d'après l'équation (3), les plans normaux à une section d'une série et à une section de l'autre, en un point qui leur soit commun, seront perpendiculaires entre eux; les deux sections se couperont donc à angle droit. Par conséquent les deux séries de sections sont les deux systèmes de lignes de courbure.

7. En différentiant l'équation (3) par rapport à τ, nous avons

$$a\alpha' + b\beta' + c\gamma' = l\lambda',$$

et par l'élimination de l, il s'ensuit

$$a(\alpha\lambda' - \alpha'\lambda) + b(\beta\lambda' - \beta'\lambda) + c(\gamma\lambda' - \gamma'\lambda) = 0.$$

Différentions cette nouvelle équation deux fois par rapport à t; nous aurons

$$\begin{aligned} a(\alpha\lambda' - \alpha'\lambda) + b(\beta\lambda' - \beta'\lambda) + c(\gamma\lambda' - \gamma'\lambda) &= 0, \\ a'(\alpha\lambda' - \alpha'\lambda) + b'(\beta\lambda' - \beta'\lambda) + c'(\gamma\lambda' - \gamma'\lambda) &= 0, \\ a''(\alpha\lambda' - \alpha'\lambda) + b''(\beta\lambda' - \beta'\lambda) + c''(\gamma\lambda' - \gamma'\lambda) &= 0. \end{aligned}$$

Il en résulte,

$$\begin{vmatrix} a, & b, & c \\ a', & b', & c' \\ a'', & b'', & c'' \end{vmatrix} = 0,$$

à moins qu'on n'ait à la fois

$$\alpha\lambda' - \alpha'\lambda = 0, \quad \beta\lambda' - \beta'\lambda = 0, \quad \gamma\lambda' - \gamma'\lambda = 0.$$

Or, si $y, u_1, u_2 \dots u_n$ sont des fonctions continues d'une même variable, que leurs dérivées soient également continues jusqu'au n^{ème} ordre, quand on a l'équation différentielle

$$\begin{vmatrix} y & u_1 & u_2 \dots & u_n \\ y' & u'_1 & u'_2 \dots & u'_n \\ \dots & \dots & \dots & \dots \\ \dots & \dots & \dots & \dots \\ y^{(n)} & u_1^{(n)} & u_2^{(n)} \dots & u_n^{(n)} \end{vmatrix} = 0,$$

on voit que l'équation est satisfaite par $y = u_1$, par $y = u_2, \dots$ par $y = u_n$.

En conséquence, si la solution la plus générale de l'équation est

$$y = c_1 u_1 + c_2 u_2 + \dots c_n u_n,$$

quand on aura la relation

$$\begin{vmatrix} u_0 & u_1 & u_2 \dots & u_n \\ u'_0 & u'_1 & u'_2 \dots & u'_n \\ \dots & \dots & \dots & \dots \\ u_0^{(n)} & u_1^{(n)} & u_2^{(n)} \dots & u_n^{(n)} \end{vmatrix} = 0$$

il y aura entre $u_0\, u_1\, u_2 \dots u_n$ une relation linéaire, à savoir :

$$A_0 u_0 + A_1 u_1 + \dots + A_n u_n = 0.$$

D'après quoi, nous avons ci-dessus

$$Aa + Bb + Cc = 0,$$

du moment qu'on n'a pas à la fois

$$\alpha\lambda' - \alpha'\lambda = 0, \quad \beta\lambda' - \beta'\lambda = 0, \quad \gamma\lambda' - \gamma'\lambda = 0.$$

On aura de même

$$A_1\alpha + B_1\beta + C_1\gamma = 0,$$

si l'on n'a pas à la fois

$$al' - a'l = 0, \quad bl' - b'l = 0, \quad cl' - c'l = 0.$$

8. Soient donc, réserve faite des circonstances particulières que nous venons d'écarter,

$$Aa + Bb + Cc = 0,$$

$$A_1\alpha + B_1\beta + C_1\gamma = 0.$$

Nous avons, d'une part

$$Aa + Bb + Cc = 0,$$

$$Aa' + Bb' + Cc' = 0,$$

de l'autre

$$(\alpha\lambda' - \alpha'\lambda)a + (\beta\lambda' - \beta'\lambda)b + (\gamma\lambda' - \gamma'\lambda)c = 0,$$

$$(\alpha\lambda' - \alpha'\lambda)a' + (\beta\lambda' - \beta'\lambda)b' + (\gamma\lambda' - \gamma'\lambda)c' = 0,$$

d'où

$$\frac{A}{bc' - cb'} = \frac{B}{ca' - ac'} = \frac{C}{ab' - ba'}$$

et

$$\frac{\alpha\lambda' - \alpha'\lambda}{bc' - cb'} = \frac{\beta\lambda' - \beta'\lambda}{ca' - ac'} = \frac{\gamma\lambda' - \gamma'\lambda}{ab' - ba'},$$

et de là

$$\frac{\alpha\lambda' - \alpha'\lambda}{A} = \frac{\beta\lambda' - \beta'\lambda}{B} = \frac{\gamma\lambda' - \gamma'\lambda}{C},$$

c'est-à-dire

$$\frac{d.\frac{\alpha}{\lambda}}{A} = \frac{d.\frac{\beta}{\lambda}}{B} = \frac{d.\frac{\gamma}{\lambda}}{C},$$

de sorte que

$$\frac{\frac{\alpha}{\lambda}}{A} = \frac{\frac{\beta}{\lambda}}{B} + K, \quad \frac{\frac{\beta}{\lambda}}{B} = \frac{\frac{\gamma}{\lambda}}{C} + K_1,$$

$$\frac{\frac{\alpha}{A} - \frac{\beta}{B}}{\frac{\beta}{B} - \frac{\gamma}{C}} = \frac{K}{K_1}, \quad \text{ou} \quad \frac{K_1}{A}\alpha - (K_1 + K)\frac{\beta}{B} + \frac{K}{C}\gamma = 0.$$

Ainsi on a à la fois

$$A_1\alpha + B_1\beta + C_1\gamma = 0 \quad \frac{K_1}{A}\alpha - (K_1 + K)\frac{\beta}{B} + \frac{K}{C}\gamma = 0,$$

par là même

$$A_1\alpha' + \beta_1\beta' + C_1\gamma' = 0$$

$$\frac{K_1}{A}\alpha' - (K_1 + K)\frac{\beta'}{B} + \frac{K}{C}\gamma' = 0,$$

puis

$$\frac{A_1}{\beta\gamma' - \gamma\beta'} = \frac{B_1}{\gamma\alpha' - \gamma'\alpha} = \frac{C_1}{\alpha\beta' - \beta\alpha'},$$

et

$$\frac{\frac{K_1}{A}}{\beta\gamma' - \gamma\beta'} = \frac{-(K_1 + K)\frac{1}{B}}{\gamma\alpha' - \alpha\gamma'} = \frac{\frac{K}{C}}{\alpha\beta' - \beta\alpha'},$$

ce qui donne

$$\frac{K_1}{AA_1} = \frac{-(K_1 + K)}{BB_1} = \frac{K}{CC_1}$$

et de là

$$AA_1 + BB_1 + CC_1 = 0,$$

de sorte que les deux droites qui ont pour équations

$$\frac{x}{A} = \frac{y}{B} = \frac{z}{C}, \qquad \frac{x}{A_1} = \frac{y}{B_1} = \frac{z}{C_1},$$

lesquelles sont respectivement parallèles aux plans des deux séries de lignes de courbure sont perpendiculaires entre elles ; et cela, à moins d'avoir

$$\beta\gamma' - \gamma\beta' = 0, \quad \gamma\alpha' - \alpha\gamma' = 0, \quad \alpha\beta' - \beta\alpha' = 0,$$

ou

$$\frac{\alpha'}{\alpha} = \frac{\beta'}{\beta} = \frac{\gamma'}{\gamma},$$

ou

$$\alpha = m\gamma, \quad \beta = n\gamma,$$

ce qui fait les plans de la seconde série parallèles entre eux.

9. Considérons le cas où l'on a à la fois

$$\alpha\lambda' - \alpha'\lambda = 0, \quad \beta\lambda' - \beta'\lambda = 0, \quad \gamma\lambda' - \gamma'\lambda = 0.$$

D'abord, cela peut provenir de ce qu'on ait

$$\lambda = 0.$$

Alors l'équation (3) devenant

$$a\alpha + b\beta + c\gamma = 0,$$

si l'on prend à la fois

$$a\alpha + b\beta + c\gamma = 0, \quad a\alpha' + b\beta' + c\gamma' = 0, \quad a\alpha'' + b\beta'' + c\gamma'' = 0,$$

on en déduit

$$\begin{vmatrix} \alpha & \beta & \gamma \\ \alpha' & \beta' & \gamma' \\ \alpha'' & \beta'' & \gamma'' \end{vmatrix} = 0,$$

et de là

$$A_1\alpha + B_1\beta + C_1\gamma = 0;$$

on aura de même

$$a\alpha + b\beta + c\gamma = 0, \quad a'\alpha + b'\beta + c'\gamma = 0, \quad a''\alpha + b''\beta + c''\gamma = 0,$$

d'où

$$\begin{vmatrix} a & b & c \\ a' & b' & c' \\ a'' & b'' & c'' \end{vmatrix} = 0,$$

par suite

$$Aa + Bb + Cc = 0.$$

Il s'ensuit

$$\frac{a}{A_1} = \frac{b}{B_1} = \frac{c}{C_1},$$

si les rapports entre α, β, γ, sont susceptibles de varier, c'est-à-dire que les plans des lignes (1) seront parallèles entre eux; ceux des autres lignes leur seront d'ailleurs perpendiculaires.

Dans le cas où l'on a

$$\lambda \gtrless 0,$$

les relations

$$\alpha\lambda' - \alpha'\lambda = 0, \quad \beta\lambda' - \beta'\lambda = 0, \quad \gamma\lambda' - \gamma'\lambda = 0,$$

donnent

$$\lambda = m\alpha = m_1\beta = m_2\gamma,$$

de sorte que les plans des lignes du second système sont parallèles entre eux.

Au résumé, les seules circonstances à distinguer sont celle où les plans des lignes d'une série sont parallèles entre eux, et celle où, cela n'étant pas, les plans de chaque série sont respectivement parallèles à deux droites perpendiculaires entre elles.

DU CAS OU LES PLANS DES LIGNES D'UN SYSTÈME SONT PARALLÈLES ENTRE EUX.

10. Soient a, b, c des constantes. L'équation (3) donnant alors

$$l'\lambda = 0,$$

il faut avoir

$$\text{soit } \lambda = 0,$$
$$\text{soit } l' = 0 \quad \text{ou} \quad l = m,$$

m désignant une constante.

1. Si $\lambda = 0$, l'équation (3) étant

$$a\alpha + b\beta + c\gamma = 0$$

indique que les plans des lignes de la seconde série sont tous perpendiculaires à ceux de la première, puis l'équation

$$-\alpha p - \beta q + \gamma = 0$$

qu'ils sont chacun orthogonal à la surface.

En conséquence, les lignes du premier système sont des trajectoires orthogonales aux plans des lignes du second; elles sont donc décrites par les points d'une ligne de ce dernier système quand on en fait rouler le plan sur le cylindre qu'enveloppent les plans de ce second système. Et les positions diverses de la ligne mobile sont les lignes de la seconde série.

2. Lorsque l est égal à m, l'équation

$$-ap-bq+c=l\sqrt{1+p^2+q^2}.$$

accuse, d'une part que la surface est développable, mais d'autre part que les plans des lignes du premier système coupent tous la surface sous un même angle, que par conséquent les tangentes aux lignes du second système sont toutes également inclinées sur les plans des lignes du premier; il s'ensuit que les lignes du second système sont des droites, et la surface un héliçoïde développable.

Appliquons l'analyse à l'étude de ces deux circonstances.

11. L'on a $\lambda=0$. Soit pris l'axe des z perpendiculaire aux plans des lignes du premier système. Nous aurons $a=0$, $b=0$, $\gamma=0$, et en posant $c=1$, $\beta=-1$,

$$(1)\quad \begin{cases} z=u, \\ 1=l\sqrt{1+p^2+q^2}, \end{cases} \qquad (2)\quad \begin{cases} \alpha x-y=v, \\ \alpha p-q=0. \end{cases}$$

Dans ces équations, u peut s'estimer une fonction arbitraire de l, et v une fonction arbitraire de α.

Une relation étant établie entre u et l, l'élimination de ces variables entre elle et les équations (1) donnerait une équation entre z, p, q dont l'intégration amènerait une nouvelle fonction arbitraire. Les équations (2) moyennant une relation entre v et α détermineraient de même la surface avec l'introduction d'une seconde fonction arbitraire. Les deux systèmes (1) et (2) doivent d'après cela être équivalents. Le fait ressort du reste de considérations géométriques connues. Car lorsque les lignes d'une série sont planes et ont leurs plans parallèles, celles de l'autre sont des lignes égales dans des plans normaux aux premiers et normaux à la surface ; réciproquement, lorsque les lignes d'une série sont planes, dans des plans tangents à un cylindre, normaux à la surface, les autres sont dans des plans parallèles perpendiculaires au cylindre, et ne sont que des développantes de ses sections droites.

Au lieu de considérer à part les équations (1) ou (2), nous allons déterminer analytiquement les lignes des deux systèmes et la surface, en les faisant dépendre de deux relations qui soient données entre u et l, entre υ et α.

12. Établissons d'abord par l'analyse que les lignes du second système sont toutes superposables. On a, à leur égard,

$$\alpha dx - dy = 0, \quad dz = pdx + qdy, \quad \alpha p - q = 0,$$

d'où

$$\frac{p}{dx} = \frac{q}{dy} = \frac{p^2+q^2}{dz} = \frac{\sqrt{(p^2+q^2)(p^2+q^2+1)}}{ds}.$$

Soit φ l'angle que fait au point (xyz) la ligne de courbure du second système avec le plan de la ligne du premier, on aura

$$\cos\varphi = l = \frac{1}{\sqrt{1+p^2+q^2}}, \qquad \sin\varphi = \sqrt{\frac{p^2+q^2}{1+p^2+q^2}};$$

par suite

$$\frac{dz}{ds} = \sin\varphi;$$

c'est pour les lignes du second système une équation différentielle commune, vu que l'angle φ est constant tout le long d'une ligne du premier. Ces lignes sont donc toutes égales.

13. Posons $u = f\varphi$, $\upsilon = F\alpha$; nous aurons

$$(1)\quad \begin{cases} z = f\varphi, \\ 1 = \cos\varphi.\sqrt{1+p^2+q^2}, \end{cases} \qquad (2)\quad \begin{cases} \alpha x - y = F\alpha, \\ \alpha p - q = 0. \end{cases}$$

On tire de là immédiatement

$$p = \frac{\operatorname{tg}\varphi}{\sqrt{1+\alpha^2}}, \quad q = \frac{\alpha \operatorname{tg}\varphi}{\sqrt{1+\alpha^2}}, \quad dz = f'\varphi.d\varphi = (dx + \alpha dy)\frac{\operatorname{tg}\varphi}{\sqrt{1+\alpha^2}}, \quad dy = \alpha dx + xd\alpha - F'\alpha.d\alpha;$$

puis

$$\frac{f'\varphi}{\operatorname{tg}\varphi}\,d\varphi = d.x\sqrt{1+\alpha^2} - \frac{\alpha F'\alpha.d\alpha}{\sqrt{1+\alpha^2}},$$

$$x\sqrt{1+\alpha^2} = \int \frac{f'\varphi}{\operatorname{tg}\varphi}\,d\varphi + \int \frac{\alpha F'\alpha\, d\alpha}{\sqrt{1+\alpha^2}}.$$

Qu'on fasse

$$\int \frac{f'\varphi d\varphi}{\operatorname{tg}\varphi} = \frac{f\varphi}{\operatorname{tg}\varphi} + \int f\varphi \frac{d\varphi}{\sin^2\varphi} = \frac{f\varphi}{\operatorname{tg}\varphi} + f_1\varphi,$$

$$\int \frac{\alpha F'\alpha\, d\alpha}{\sqrt{1+\alpha^2}} = \frac{\alpha F\alpha}{\sqrt{1+\alpha^2}} - \int \frac{F\alpha\, d\alpha}{(1+\alpha^2)^{\frac{3}{2}}} = \frac{\alpha F\alpha}{\sqrt{1+\alpha^2}} - F_1\alpha;$$

il s'ensuit

$$x\sqrt{1+\alpha^2} = \sin\varphi\cos\varphi f'_1\varphi + f_1\varphi + \alpha(1+\alpha^2)F'_1\alpha - F_1\alpha,$$

$$y = \alpha x - (1+\alpha^2)^{\frac{3}{2}} F'_1\alpha,$$

$$z = \sin^2\varphi . f'_1\varphi.$$

De là vient

$$x\sqrt{1+\alpha^2} = z\operatorname{cotg}\varphi + f_1\varphi - \frac{\alpha}{\sqrt{1+\alpha^2}}(y-\alpha x) - F_1\alpha.$$

Si l'on fait

$$V = \frac{x+\alpha y}{\sqrt{1+\alpha^2}} + F_1\alpha - z\operatorname{cotg}\varphi - f_1\varphi,$$

la surface est déterminée par les équations

$$V = 0, \quad \frac{dV}{d\varphi} = 0, \quad \frac{dV}{d\alpha} = 0.$$

Comme la première est celle d'un plan, ce plan est le plan tangent au point (α, φ).

Les deux équations $V = 0$, $\frac{dV}{d\varphi} = 0$, déterminent la tangente à une ligne du premier système ; l'élimination de φ entre ces équations donnera celle du cylindre circonscrit à la surface suivant une ligne du second système.

Les deux équations $V = 0$, $\frac{dV}{d\alpha} = 0$, déterminent la tangente à une ligne du second système; si l'on élimine α entre elles, on aura l'équation de l'hélicoïde développable circonscrit à la surface suivant une ligne du premier système.

14. Si l'on passe de la surface que nous venons d'examiner à une surface qui lui soit parallèle, par les relations

$$\frac{x'-x}{N}=\frac{-p}{\sqrt{1+p^2+q^2}},\quad \frac{y'-y}{N}=\frac{-q}{\sqrt{1+p^2+q^2}},\quad \frac{z'-z}{N}=\frac{1}{\sqrt{1+p^2+q^2}},$$

les équations (1) et (2) deviendront

$$z'=u+N\cos\varphi=f\varphi+N\cos\varphi,\qquad \alpha x'-y'=v=F\alpha,$$
$$1=\cos\varphi.\sqrt{1+p^2+q^2},\qquad \alpha p-q=0.$$

Le seul changement est celui de $f\varphi$ en $f\varphi+N\cos\varphi$.

L'équation de la surface s'obtiendra en éliminant α et φ entre les équations

$$V_1=0,\quad \frac{dV_1}{d\varphi}=0,\quad \frac{dV_1}{d\alpha}=0,$$

V_1 étant

$$\frac{x+\alpha y}{\sqrt{1+\alpha^2}}+F_1\alpha-z\operatorname{cotg}\varphi-f_1\varphi-\frac{N}{\sin\varphi}=V-\frac{N}{\sin\varphi}.$$

15. Cas de $l=m$. Les équations sont

$$(1)\quad \begin{cases} z=u,\\ 1=m\sqrt{1+p^2+q^2},\end{cases}\qquad (2)\quad \begin{cases}\alpha x+\beta y+\gamma z=v,\\ -\alpha p-\beta q+\gamma=\lambda\sqrt{1+p^2+q^2},\end{cases}$$
$$(3)\quad \gamma=m\lambda.$$

D'après la seconde des équations (1), la surface est développable, et $\cos\varphi=m$, de sorte que φ est constant. Il s'ensuit, comme on l'a déjà dit, que les lignes du second système sont des droites. Ces droites étant susceptibles d'être dans des plans différents, on s'explique que les équations (2) contiennent trois indéterminées, les rapports entre α, β, v et λ. On peut, au reste, déduire de ces équations elles-mêmes l'équation différentielle $\frac{dz}{ds}=\sin\varphi$, car on a, pour les lignes du second système,

$$dz = pdx + pdy, \quad p\alpha + q\beta + \gamma \operatorname{tg}^2\varphi = 0, \quad \alpha dx + \beta dy + \gamma dz = 0, \quad p^2 + q^2 = \operatorname{tg}^2\varphi,$$

d'où l'on déduit

$$[(dx^2 + dy^2)\operatorname{tg}^2\varphi - dz^2](\alpha^2 + \beta^2 - \gamma^2 \operatorname{tg}^2\varphi) = 0,$$

par suite

$$dx^2 + dy^2 = dz^2 \operatorname{cotg}^2\varphi,$$

$$dz = ds . \sin\varphi.$$

Prenons parallèles à l'axe du z les plans passant par les droites; c'est-à-dire soit $\gamma = 0$. Les équations peuvent alors être

$$(1) \quad \begin{cases} z = u, \\ 1 = m\sqrt{1 + p^2 + q^2}, \end{cases} \qquad (2) \quad \begin{cases} \alpha x - y = F\alpha, \\ -\alpha p + q = 0; \end{cases}$$

ce sont les équations mêmes du cas précédent, en y faisant $\cos\varphi = m$.

La surface sera donc donnée par

$$V = \frac{x + \alpha y}{\sqrt{1 + \alpha^2}} + F_1\alpha - z \operatorname{cotg}\varphi = 0,$$

et

$$\frac{dV}{d\alpha} = 0,$$

la relation est $F\alpha$ et $F_1\alpha$ étant

$$\int \frac{\alpha F'\alpha\, d\alpha}{\sqrt{1 + \alpha^2}} = \frac{\alpha F\alpha}{\sqrt{1 + \alpha^2}} - F_1\alpha = \alpha(1 + \alpha^2)F'_1\alpha - F_1\alpha.$$

L'hélicoïde développable qu'on a ainsi n'est qu'un cas particulier de la surface du cas précédent, celui où la ligne mobile est une droite.

DU CAS OU LES PLANS DES LIGNES DE COURBURE NE SONT PARALLÈLES ENTRE EUX NI DANS L'UN NI DANS L'AUTRE SYSTÈME.

16. Les plans des deux séries de lignes de courbure étant parallèles à deux

droites rectangulaires entre elles, prenons l'axe des x parallèle aux plans de la première série, et l'axe des y à ceux de la seconde.

Nous aurons

$$\alpha = 0, \quad \beta = 0,$$

et pourrons poser $b = 1$, $a = 1$; les équations seront donc

$$(1) \quad \begin{cases} x + cz = u, \\ -q + c = l\sqrt{1+p^2+q^2}, \end{cases} \qquad (2) \quad \begin{cases} x + \gamma z = v, \\ -p + \gamma = \lambda\sqrt{1+p^2+q^2}, \end{cases}$$

$$(3) \qquad c\gamma = l\lambda.$$

La dernière donnant

$$c\gamma' = l\lambda',$$

$$\gamma' = \frac{l}{c}\lambda',$$

il s'ensuit que $\frac{l}{c}$ est une constante : soit $\frac{l}{c} = m$, d'où $\lambda = \frac{1}{m}(\gamma + m_{,})$.

On fera que $m_{,}$ soit nul, en disposant de l'origine; et si l'on pose

$$\frac{1}{c} = -t, \quad \frac{1}{\gamma} = -\theta, \quad \frac{u}{c} = \mathrm{F}t, \quad \frac{v}{\gamma} = f\theta,$$

F et f désignant deux fonctions arbitraires, il vient

$$(1) \quad \begin{cases} z = ty + \mathrm{F}t, \\ tq + 1 = m\sqrt{1+p^2+q^2}, \end{cases} \qquad (2) \quad \begin{cases} z = \theta x + f\theta, \\ \theta p + 1 = \frac{1}{m}\sqrt{1+p^2+q^2}. \end{cases}$$

Les deux équations différentielles expriment que l'on a

$$\cos(\mathrm{N}, \mathrm{P}) = m\cos(z, \mathrm{P}),$$

$$\cos(\mathrm{N}, \mathrm{P}') = \frac{1}{m}\cos(z, \mathrm{P}');$$

elles sont applicables aux surfaces parallèles de la surface considérée ; elles le sont aussi aux deux séries de cercles qui correspondent sur une sphère aux deux séries de lignes de courbure.

17. L'équivalence des deux systèmes d'équations (1) et (2) résulte des mêmes

considérations qu'au § 11. Elle peut ici se vérifier à l'aide du dernier fait énoncé au § 3.

Soit prise en effet une sphère de rayon R ; supposons-la coupée par des plans parallèles à l'axe des x tels qu'on ait à l'égard des points de la section par chaque plan

$$\cos(N, P) = m \cos(z, P).$$

Soit

$$\mu y + \nu z - \delta = 0,$$

l'équation générale de ces plans, μ et ν étant les cosinus des angles que fait avec oy et oz la normale P à ces plans, on aura

$$\cos(N, P) = \mu \frac{y}{R} + \nu \frac{z}{R} = m \cos(z, P) = m\nu;$$

de sorte que

$$\mu y + \nu z = m\nu R$$

ou

$$\delta = m\nu R.$$

Ainsi

$$\mu y + \nu(z - mR) = 0;$$

c'est-à-dire que les plans se coupent tous suivant la droite qui a pour équations

$$y = 0, \quad z = mR.$$

Les cercles qui correspondent sur la sphère aux lignes du premier système ont ainsi un même axe radical. En conséquence, § 3, les lignes du second système sont également planes. Et comme par rapport à la sphère, la droite conjuguée de la droite ($y = 0$, $z = mR$) a pour équations $x = 0$, $z = \frac{1}{m} R$, les équations (2) résulteront des équations (1); et *vice versâ*.

Détermination des lignes de courbure de la surface.

18. Proposons-nous d'obtenir les équations des lignes de courbure du second système.

La tangente à l'une de ces lignes au point (x, y, z) ayant pour équations,

$$z = \theta x + f\theta,$$
$$y = gx + h,$$

g et h seront des fractions de t et de θ que nous allons déterminer.

Cette tangente fait avec le plan de la ligne du premier système qui passe en (x, y, z) un angle égal à celui des droites N et P ; on a donc

$$\sin(\mathrm{N}, \mathrm{P}) = \cos(\mathrm{T}', \mathrm{P})$$

ou

$$\sqrt{1 - \frac{m^2}{1+t^2}} = \frac{-tg + \theta}{\sqrt{1+t^2}\sqrt{1+g^2+\theta^2}},$$

d'où

$$g^2(1-m^2) + 2t\theta g + \theta^2(t^2 - m^2) + 1 + t^2 - m^2 = 0,$$

$$g = \frac{-t\theta \pm \mathrm{T}\Theta}{1-m^2},$$

en faisant

$$\mathrm{T} = \sqrt{1+t^2-m^2}, \qquad \Theta = \sqrt{1+\theta^2-\frac{1}{m^2}}.$$

La question n'est plus que d'avoir h.

19. Considérons pour cela la ligne de courbure comme l'enveloppe de ses tangentes, quand on fait varier t. Les coordonnées (x, y, z) du point de contact satisferont aux quatre équations

$$z = \theta x + f\theta,$$

$$y = gx + h,$$

$$o = x\frac{dg}{dt} + \frac{dh}{dt},$$

$$z = ty + \mathrm{F}t.$$

On en tire

$$(\theta - gt)\frac{dh}{dt} + th\frac{dg}{dt} + (\mathrm{F}t - f\theta)\frac{dg}{dt} = 0,$$

équation linéaire qui, représentée par

$$\frac{dh}{dt} + \mathrm{H}h + \mathrm{H}_1 = 0,$$

a pour intégrale

$$h = e^{-\int \mathrm{H}dt}\left(c_1 - \int \mathrm{H}_1 e^{\int \mathrm{H}dt} dt\right).$$

Or on a

$$\int \mathrm{H}dt = \int \frac{t\frac{dg}{dt}}{\theta - gt}\,dt = \int\left(\frac{t\frac{dg}{dt}+g}{\theta - gt} - \frac{g}{\theta - gt}\right)dt = -l(\theta - gt) - \int \frac{gdt}{\theta - gt}$$

et

$$\int \frac{gdt}{\theta - gt} = \int \frac{\frac{-\theta t}{\mathrm{T}} \pm m\Theta}{\theta\mathrm{T} \mp mt\Theta}\,dt = l\,\frac{\mathrm{C}}{\theta\mathrm{T} \mp mt\Theta},$$

de sorte que

$$\int \mathrm{H}dt = -l\,\frac{\mathrm{C}(\theta - gt)}{\theta\mathrm{T} \mp mt\Theta}, \quad e^{-\int \mathrm{H}dt} = \frac{\mathrm{C}(\theta - gt)}{\theta\mathrm{T} \mp mt\Theta}$$

et

$$\int \mathrm{H}_1 e^{\int \mathrm{H}dt}\,dt = -\frac{1-m^2}{\mathrm{C}}\int dt\,\frac{\mathrm{F}t - f\theta}{\mathrm{T}^3}.$$

De là

$$h = \mathrm{C}\,\frac{\theta - gt}{\theta\mathrm{T} \mp mt\Theta} + \frac{(1-m^2)(\theta - gt)}{\theta\mathrm{T} \mp mt\Theta}\int dt\,\frac{\mathrm{F}t - f\theta}{\mathrm{T}^3} = \frac{\mathrm{C}}{1-m^2}\,\mathrm{T} + \mathrm{T}\int dt\,\frac{\mathrm{F}t - f\theta}{\mathrm{T}^3}.$$

La constante C est là indépendante de t, mais c'est une fonction inconnue de θ.

20. Les coordonnées (x,y,z) d'un point M de la surface satisfont aux trois équations

$$z = ty + \mathrm{F}t,$$

$$z = \theta x + f\theta,$$

$$y = \frac{-\theta t \pm m\mathrm{T}\Theta}{1-m^2}\,x + \frac{\mathrm{C}}{1-m^2}\,\mathrm{T} + \mathrm{T}\int dt\,\frac{\mathrm{F}t - f\theta}{\mathrm{T}^3}.$$

Comme on peut opérer d'une manière semblable à l'égard des lignes de courbure du premier système, on aura également, en désignant par C′ une fonction de t, indépendante de θ,

$$z = \theta x + f\theta,$$

$$z = ty + \mathrm{F}t,$$

$$x = \frac{-\theta t \pm \frac{1}{m}\theta T}{1 - \frac{1}{m^2}} y + \frac{C'}{1 - \frac{1}{m^2}}\theta + \theta \int d\theta \frac{f\theta - Ft}{\theta^3}.$$

Portons la valeur de y

$$y = \frac{\theta x + f\theta - Ft}{t}$$

dans les deux équations intégrales ainsi considérées. Il viendra

$$\left\{ \frac{\theta}{t} - \frac{t\theta \pm mT\theta}{1 - m^2} \right\} x = \frac{Ft - f\theta}{t} + \frac{CT}{1 - m^2} + T\int dt \frac{Ft - f\theta}{T^3},$$

$$\left\{ 1 - \frac{-\theta t \pm \frac{1}{m}\theta T}{1 - \frac{1}{m^2}} \right\} x = \frac{-\theta t \pm \frac{1}{m}\theta T}{1 - \frac{1}{m^2}} \frac{f\theta - Ft}{t} + C' \frac{\theta}{1 - \frac{1}{m^2}} + \theta \int \frac{f\theta - Ft}{\theta^3} d\theta;$$

d'où l'on tire

$$\frac{\theta T \mp mt\theta}{(1 - m^2)t} x = \frac{C}{1 - m^2} + \frac{Ft - f\theta}{tT} + \int dt \frac{Ft - f\theta}{T^3},$$

$$\frac{\theta T \mp mt\theta}{(1 - m^2)t} x = \mp \frac{mC'}{1 - m^2} + \frac{\mp m\theta t + T\theta}{(1 - m^2)\theta} \frac{Ft - f\theta}{t} \mp \frac{1}{m} \int \frac{Ft - f\theta}{\theta^3} d\theta.$$

Il s'ensuit, en égalant les seconds membres, et différentiant par rapport à θ,

$$\frac{1}{1 - m^2}\frac{dC}{d\theta} - \frac{f'\theta}{tT} - f'\theta \int \frac{dt}{T^3} = \pm \frac{m\theta f'\theta}{(1 - m^2)\theta} - \frac{Tf'\theta}{(1 - m^2)t}$$

$$\frac{1}{1 - m^2}\frac{dC}{d\theta} = \frac{f'\theta}{tT} + \frac{f'\theta}{T(T - t)} \pm \frac{m\theta f'\theta}{(1 - m^2)\theta} - \frac{T}{(1 - m^2)t} f'\theta,$$

enfin

$$\frac{dC}{d\theta} = f'\theta \pm \frac{m\theta f'\theta}{\theta},$$

$$C = f\theta \pm m \int \frac{\theta f'\theta}{\theta} + K = f\theta \pm \frac{m\theta f\theta}{\theta} \pm \frac{1 - m^2}{m} \int \frac{d\theta f\theta}{\theta^3} + K,$$

K étant une constante qui ne dépend ni de t, ni de θ ; mais c'est encore une fonction de m à fixer.

21. L'intégrale devient par cette valeur de C

$$y = \frac{-\theta t \pm m\mathrm{T}\Theta}{1-m^2}x + \frac{-t\Theta \pm m\theta\mathrm{T}}{(1-m^2)\Theta}f\theta \pm \frac{1}{m}\mathrm{T}\int\frac{d\theta f\theta}{\Theta^3} + \mathrm{T}\int\frac{dt\,\mathrm{F}t}{\mathrm{T}^3} + \frac{\mathrm{KT}}{1-m^2};$$

elle détermine, avec

$$z = \theta x + f\theta,$$

la tangente à une ligne du second système.

Il en résulte, pour la tangente à une ligne du premier système, *mutatis mutandis*,

$$x = \frac{-t\theta \pm \frac{1}{m}\Theta\mathrm{T}}{1-\frac{1}{m^2}}y + \frac{-\theta\mathrm{T} \pm \frac{1}{m}t\Theta}{\left(1-\frac{1}{m^2}\right)\mathrm{T}}\mathrm{F}t \pm m\Theta\int\frac{dt\,\mathrm{F}t}{\mathrm{T}^3} + \Theta\int\frac{d\theta f\theta}{\Theta^3} + \frac{\mathrm{K}_1\Theta}{1-\frac{1}{m^2}};$$

et

$$z = ty + \mathrm{F}t,$$

et si $\mathrm{K} = \varphi m$, on aura

$$\mathrm{K}_1 = \varphi\frac{1}{m}.$$

Qu'on remplace $\mathrm{F}t$ par $ty - \theta x - f\theta$, on aura

$$y = \frac{-\theta t \pm m\mathrm{T}\Theta}{1-m^2}x + \frac{-t\Theta \pm m\theta\mathrm{T}}{(1-m^2)\Theta}f\theta + \mathrm{T}\int\frac{dt\,\mathrm{F}t}{\mathrm{T}^3} \pm \frac{\mathrm{T}}{m}\int\frac{d\theta f\theta}{\Theta^3} + \frac{\mathrm{K}_1\mathrm{T}}{\pm m\left(1-\frac{1}{m^2}\right)},$$

équation identique à une précédente, si l'on a

$$\mathrm{K} = \mp m\mathrm{K}_1,$$

ou

$$\varphi m = \mp m\varphi\left(\frac{1}{m}\right).$$

S'il s'agit de

$$\varphi m = m\varphi\left(\frac{1}{m}\right),$$

en posant $\varphi m = (1 + m)\psi m$, il s'ensuit

$$\psi m = \psi\left(\frac{1}{m}\right);$$

et s'il s'agit de

$$\varphi m = -m\varphi\left(\frac{1}{m}\right),$$

en prenant

$$\varphi m = (1 - m)\psi m,$$

il s'ensuit de même

$$\psi m = \psi\left(\frac{1}{m}\right).$$

Désignons par h une fonction de m qui ne change pas quand m se change ainsi en $\frac{1}{m}$; telle sera $h = \chi(m) + \chi\left(\frac{1}{m}\right)$, χm étant une fonction quelconque de m. Nous aurons

$$K = (1 \mp m)h,$$

par suite

$$y = \frac{-\theta t \pm mT\Theta}{1 - m^2}x + \frac{-t\Theta + m\theta T}{(1 - m^2)\Theta}f\theta \pm \frac{1}{m}T\int\frac{d\theta f\theta}{\Theta^3} + T\int\frac{dt\,Ft}{T^3} + \frac{hT}{1 \pm m}.$$

Passer d'un signe à l'autre, c'est changer le signe de m.

22. Nous avons donc pour déterminer la tangente à une ligne du second système, les deux équations

$$(4)\quad y = \frac{-\theta t + mT\Theta}{1 - m^2}x + \frac{-t\Theta + m\theta T}{(1 - m^2)}f\theta + \frac{1}{m}T\int\frac{d\theta f\theta}{\Theta^3} + T\int\frac{dt\,Ft}{T^3} + \frac{hT}{1 + m},$$

$$(4)'\qquad z = \theta x + f\theta.$$

Le point de contact sera donné par ces équations jointes à

$$(4)'' \qquad z = ty + Ft.$$

Si t s'élimine entre (4) et (4)'', l'équation résultante et l'équation (4)' détermineront la ligne de courbure. L'élimination subséquente de θ, conduira à l'équation de la surface.

Les lignes du premier système pourront en conséquence se déterminer aussi par l'équation (4)'', et par l'équation résultante due à l'élimination de θ entre (4) et (4)'.

Pour les équations de la tangente à une ligne du premier système, on aura

$$(5) \qquad x = \frac{-t\theta + \frac{1}{m}\theta T}{1 - \frac{1}{m^2}} y + \frac{-\theta T + \frac{1}{m} t\theta}{\left(1 - \frac{1}{m^2}\right)} Ft + m\theta \int \frac{dt\, Ft}{T^3} + \theta \int \frac{d\theta f\theta}{\theta^3} + \frac{hT}{1 + \frac{1}{m}}.$$

$$(5)' \qquad z = ty + Ft.$$

La surface sera aussi déterminée par ces équations jointes à

$$(5)'' \qquad z = \theta x + f\theta.$$

Posons

$$V = y + \frac{tz}{1 - m^2} - \frac{mT}{1 - m^2}\left(x\theta + \frac{\theta f\theta}{\theta}\right) - T\left(\frac{1}{m}\int \frac{f\theta\, d\theta}{\theta^3} + \int \frac{dt Ft}{T^3} + \frac{h}{1 + m}\right),$$

une ligne de courbure du second système aura sa tangente déterminée par

$$V = 0, \quad z = \theta x + f\theta,$$

la surface sera donnée par ces équations et $z = ty + Ft$, ou par

$$V = 0, \quad z = \theta x + f\theta, \quad \frac{dV}{dt} = 0.$$

Si l'on prend

$$V_1 = x + \frac{\theta z}{1 - \frac{1}{m^2}} - \frac{1}{m} \frac{\Theta}{1 - \frac{1}{m^2}} \left(y\mathrm{T} + \frac{t\mathrm{F}t}{\mathrm{T}} \right) - \Theta \left(m \int \frac{\mathrm{F}t\, dt}{\mathrm{T}^3} + \int \frac{d\theta f\theta}{\Theta^3} + \frac{h}{1 + \frac{1}{m}} \right),$$

la surface pourra de même être déterminée par

$$V_1 = 0, \quad z = ty + \mathrm{F}t, \qquad z = \theta x + f\theta,$$

ou

$$V_1 = 0, \quad z = ty + \mathrm{F}t, \quad \frac{dV_1}{d\theta} = 0.$$

Et si l'on pose

$$\mathrm{W} = x \frac{1 + \frac{1}{m}}{\Theta} + y \frac{1 + m}{\mathrm{T}} + z \left\{ \frac{\theta}{\left(1 - \frac{1}{m}\right)\Theta} + \frac{t}{(1 - m)\mathrm{T}} \right\}$$

$$- \left\{ (1 + m) \int \frac{\mathrm{F}t\, dt}{\mathrm{T}^3} + \left(1 + \frac{1}{m}\right) \int \frac{f\theta\, d\theta}{\Theta^3} + h \right\}$$

on aura, pour équations, sous une forme plus symétrique,

$$\mathrm{W} = 0, \quad z = \theta x + f\theta, \quad z = ty + \mathrm{F}t,$$

ou

(6) $$\mathrm{W} = 0, \quad \frac{d\mathrm{W}}{d\theta} = 0, \quad \frac{d\mathrm{W}}{dt} = 0.$$

L'équation $\mathrm{W} = 0$ est là l'équation du plan tangent à la surface au point où se coupent les deux lignes de courbure dont les plans sont donnés par

$$\frac{d\mathrm{W}}{d\theta} = 0, \quad \frac{d\mathrm{W}}{dt} = 0.$$

La tangente à la ligne du premier système est donnée par

$$W = 0, \quad \frac{dW}{dt} = 0,$$

la tangente à l'autre par

$$W = 0, \quad \frac{dW}{d\theta} = 0.$$

L'élimination de t entre $W = 0$, $\frac{dW}{dt} = 0$, donnera l'équation de l'hélicoïde circonscrit à la surface suivant la ligne dont le plan est donné par

$$\frac{dW}{d\theta} = 0,$$

et par l'élimination ultérieure de θ, on aura l'équation de la surface comme enveloppe de cet hélicoïde variable.

Les équations (6) sont bien celles qu'ont obtenues M. Bonnet et M. Serret.

M. Bonnet a fait une étude intéressante du cas où $f\theta = 0$, et y a rattaché le cas général par d'ingénieuses considérations. Je regrette de ne pouvoir les reproduire ici. Nous retrouverons ce cas aux §§ 63 et 64.

23. Au cas particulier de $m = 1$, on aura

$$W = \frac{x}{\theta} + \frac{y}{t} - \frac{z}{2}\left(\frac{1}{\theta^2} + \frac{1}{t^2} - 1\right) - \int \frac{f\theta \, d\theta}{\theta^3} - \int \frac{Ft \, dt}{t^3} - \frac{h}{2} = 0$$

avec

$$z = ty + Ft, \quad z = \theta x + f\theta,$$

ou

$$\frac{dW}{dt} = 0, \quad \frac{dW}{d\theta} = 0.$$

24. Pour des surfaces parallèles à celles que nous venons de considérer, les équations (1) et (2) deviennent

$$(1) \quad \begin{cases} z' = ty' + Nm + Ft \\ tq + 1 = m\sqrt{1 + p^2 + q^2} \end{cases}$$

$$(2)\quad \begin{cases} z' = \theta x' + \mathrm{N}\dfrac{1}{m} + f\theta \\ \theta p + 1 = \dfrac{1}{m}\sqrt{1+p^2+q^2}\,; \end{cases}$$

comme on a

$$(1+m)\int \frac{dt}{(1+t^2-m^2)^{\frac{3}{2}}} = \frac{t}{(1-m)\sqrt{1+t^2-m^2}},$$

une surface parallèle sera déterminée par les équations

$$\mathrm{W} = x\,\frac{1+\dfrac{1}{m}}{\Theta} + y\,\frac{1+m}{\mathrm{T}} + (z-\mathrm{N}m)\,\frac{t}{(1-m)\mathrm{T}} + \left(z - \mathrm{N}\frac{1}{m}\right)\frac{\theta}{\left(1-\dfrac{1}{m}\right)\Theta}$$

$$-\left\{(1+m)\int\frac{\mathrm{F}t\,dt}{\mathrm{T}^3} + \left(1+\frac{1}{m}\right)\int\frac{f\theta\,d\theta}{\Theta^3} + h\right\},$$

$$\frac{d\mathrm{W}}{dt} = 0, \quad \frac{d\mathrm{W}}{d\theta} = 0.$$

25. Les deux fonctions $\mathrm{F}t$, $f\theta$ peuvent se considérer comme fixant deux cylindres qu'enveloppent les plans des lignes du 1er et du 2e système ; inversement, en se donnant les deux cylindres, on fixera les deux fonctions. Ainsi les deux cylindres et les constantes m et h déterminent entièrement la surface.

Les considérations géométriques qui suivent, sans qu'elles donnent une description générale de la surface que nous venons de déterminer analytiquement, répondent en partie, il nous semble, aux faits analytiques qui précèdent ; mais je n'entends aucunement les mettre en balance avec celles qu'a présentées M. Bonnet.

Soit donné le cylindre qu'enveloppent les plans des lignes de la première série ; soit prise dans un plan tangent à ce cylindre une ligne quelconque comme ligne de cette série, et soit assignée la direction du cylindre qu'enveloppent les plans des lignes de l'autre série. Supposons connue en outre l'inclinaison de la surface sur le plan de la ligne donnée, c'est-à-dire une première valeur de l'angle (N, P).

Prenons une sphère et considérons en son centre une droite oz, qui soit à angle droit avec les deux cylindres, ainsi que le cône des rayons parallèles aux normales de la surface le long de la ligne assignée. La trace du cône sur la sphère sera le cercle correspondant à cette ligne. Celle de l'axe oz sur le plan du cercle sera un point de la droite H, parallèle aux génératrices du premier cylindre, axe radical des cercles de la première série. Si l'on mène par la droite H, qui sera alors fixée, un plan infiniment voisin du plan du premier cercle obtenu, et qu'on prenne le cône circonscrit à la sphère suivant ce cercle, l'intersection d'un plan tangent au cylindre donné parallèle à ce plan avec l'hélicoïde parallèle au cône passant par la ligne donnée, ayant ses génératrices normales à cette ligne, sera une seconde ligne de courbure du premier système, et le cercle correspondant sur la sphère sera connu. Par une double construction du même genre, on en déduira une troisième ligne de courbure, et ainsi de suite.

Pour fixer les hélicoides qui se succèdent ainsi, au lieu de recourir à une sphère et à la droite H, on peut se servir de la formule

$$\cos(N, P) = \sin(T', P) = \frac{m}{\sqrt{1+t^2}}.$$

Avec les données dont il a été question ci-dessus, on connaîtra une première valeur de $\sin(T',P)$ et une première valeur de t; la constante m s'ensuivra. Après quoi, un second plan tangent au cylindre fixant une nouvelle valeur de t, la formule donnera la valeur correspondante de l'angle (T', P); d'où un second hélicoïde circonscrit à la surface, etc.

Ajoutons que les lignes de courbure du second système sont, à partir de la ligne donnée du premier, des trajectoires aux plans tangents du cylindre donné, coupant ces plans dont l'équation générale est

$$z = ty + Ft,$$

sous un angle φ variable suivant la formule

$$\sin\varphi = \frac{m}{\sqrt{1+t^2}},$$

avec la condition qu'elles soient normales au lieu de leurs traces sur chaque plan tangent.

26. La cyclide, l'enveloppe d'une sphère tangente à trois sphères fixes, est

la seule surface où, les lignes de courbure étant planes, les plans de chaque série passent par une même droite.

Soient

$$z - z_1 = t(y - y_1),$$

$$z = \theta x$$

les équations générales des deux séries de plans.

L'axe des y est ainsi la droite H′ par laquelle passent les plans de la seconde série, et la droite H commune aux autres a pour équations

$$y = y_1, \quad z = z_1.$$

Nous avons là

$$f\theta = 0, \quad Ft = z_1 - ty_1$$

de sorte que

$$W = x\frac{1+\frac{1}{m}}{\sqrt{1+\theta^2-\frac{1}{m^2}}} + y\frac{1+m}{\sqrt{1+t^2-m^2}} + z\left\{\frac{\theta}{\left(1-\frac{1}{m}\right)\sqrt{1+\theta^2-\frac{1}{m^2}}} + \frac{t}{(1-m)\sqrt{1+t^2-m^2}}\right\}$$

$$-\left\{(1+m)\int\frac{(z_1-ty_1)\,dt}{(1+t^2-m^2)^{\frac{3}{2}}} + h\right\}$$

$$= x\frac{1+\frac{1}{m}}{\sqrt{1+\theta^2-\frac{1}{m^2}}} + (y-y_1)\frac{1+m}{\sqrt{1+t^2-m^2}} + (z-z_1)\frac{t}{(1-m)\sqrt{1+t^2-m^2}}$$

$$+\frac{z\theta}{\left(1-\frac{1}{m}\right)\sqrt{1+\theta^2-\frac{1}{m^2}}} + h = 0,$$

il y faut ajouter

$$z = \theta x, \quad z - z_1 = t(y - y_1).$$

L'équation qui en résulte pour la surface est

$$-m\sqrt{\left(1-\frac{1}{m^2}\right)x^2+z^2} + \sqrt{(1-m^2)(y-y_1)^2+(z-z_1)^2} - h(1-m) = 0,$$

S'il l'on y fait

$$x = x' \cos \omega, \qquad z = x' \sin \omega,$$

il vient

$$-mx' \sqrt{1 - \frac{1}{m^2} \cos^2 \omega} + \sqrt{(1 - m^2)(y - y_1)^2 + (x' \sin \omega - z_1)^2} - h(1 - m) = 0;$$

d'où

$$(1 - m^2) \left\{ x'^2 + (y - y_1)^2 \right\} - 2 \left\{ z_1 \sin \omega + mh(1 - m) \sqrt{1 - \frac{1}{m^2} \cos^2 \omega} \right\} x' + z_1^2 - h^2(1 - m)^2 = 0;$$

les lignes de courbure du second système sont donc des cercles. Celles du premier doivent l'être au même titre; on peut le vérifier, en prenant $y - y_1 = y' \cos \omega$, $z - z' = y' \sin \omega$. La surface est en conséquence l'enveloppe d'une sphère tangente à trois sphères fixes.

27. L'équation précédente peut se mettre sous les deux formes suivantes :

$$\left\{ (1 - m^2)[x^2 + (y - y_1)^2 + z^2] - 2z_1 z + z_1^2 - h^2(1 - m)^2 \right\}^2 = 4m^2 h^2 (1 - m)^2 \left[\left(1 - \frac{1}{m^2}\right) x^2 + z^2 \right],$$

$$\left\{ (1 - m^2)[x^2 + (y - y_1)^2 + z^2] - 2z_1 z + z_1^2 + h^2(1 - m)^2 \right\}^2 = 4h^2(1 - m)^2 [(1 - m^2)(y - y_1)^2 + (z - z_1)^2]$$

Ces deux formes se rencontrent immédiatement quand on fait l'étude de la surface cyclique en suivant un ordre d'idées qu'il n'est peut-être pas inopportun de retracer ici.

Quand une surface est l'enveloppe d'une sphère dont le centre se meut sur un plan, tandis que le rayon est proportionnel à la distance du centre à une droite fixe située sur le plan, les lignes de courbure sont toutes planes (Voir le mémoire de M. Bonnet, ou plus loin, § 63.) Ces lignes sont, les unes, les intersections successives de la sphère mobile, les autres, les sections de la surface par les plans menés suivant la droite fixe.

Quand la directrice du centre est une conique, on reconnaît que les plans des intersections successives de la sphère passent par une même droite, si la première droite fixe est perpendiculaire à l'axe focal de la conique, et que le rapport du rayon de la sphère à la distance de son centre et de cette droite soit l'excentricité de la conique. Les lignes de courbure sont alors toutes des cercles; la surface est une surface cyclique.

Que la conique directrice ait pour équations

$$\gamma = 0, \quad \frac{\alpha^2}{A} + \frac{\beta^2}{B} = 1,$$

et la droite fixe

$$z = 0, \quad mx + p = 0,$$

la sphère mobile

$$(x - \alpha)^2 + (y - \beta)^2 + z^2 = (m\alpha + p)^2,$$

on a

$$m^2 = \frac{A - B}{A},$$

et pour équation de la surface

$$(x^2 + y^2 + z^2 - p^2 + B)^2 = 4\{A(x + mp)^2 + By^2\},$$

ou sous une autre forme

$$(x^2 + y^2 + z^2 - p^2 - B)^2 = 4\left\{(A - B)\left(x + \frac{p}{m}\right)^2 - Bz^2\right\}.$$

La seconde série de sphères inscrites à la surface a pour équation générale

$$(x - \lambda)^2 + y^2 + (z - \nu)^2 = m'^2(\lambda + mp)^2,$$

si l'on a

$$\frac{\lambda^2}{A - B} + \frac{\nu^2}{-B} = 1, \quad \text{et} \quad m'^2 = \frac{A}{A - B},$$

de sorte que,

Étant données deux coniques qui soient focales l'une de l'autre, si l'on prend dans leurs plans deux perpendiculaires à leur axe commun telles que leurs distances au centre soient dans le même rapport que les excentricités des deux coniques, la surface enveloppe d'une sphère dont le centre parcourt l'une de ces coniques, tandis que son rayon et la distance de son centre à celle des deux droites qui est située dans le plan de cette conique, sont dans un rapport constant égal à l'excentricité de la même conique, est une surface cyclique, et les deux droites sont les axes radicaux relatifs aux deux séries de cercles de courbure. En outre, il suffit de faire varier les deux droites fixes pour avoir par cette génération une suite complète de surfaces cycliques parallèles.

28. Nous terminerons ce premier chapitre en indiquant encore la valeur de la fonction W, quand les plans des deux séries de lignes de courbure enveloppent deux cylindres de révolution ayant pour axes l'axe des x et l'axe des y.

Les équations des deux cylindres étant alors

$$y^2 + z^2 = R^2, \quad z^2 + x^2 = r^2,$$

on aura

$$z = \theta x + r\sqrt{1+\theta^2},$$

$$z = ty + R\sqrt{1+t^2};$$

de sorte que

$$f\theta = r\sqrt{1+\theta^2}, \quad Ft = R\sqrt{1+t^2};$$

par suite

$$\int \frac{dt\,Ft}{(1+t^2-m^2)^{\frac{3}{2}}} = R\int \frac{dt\sqrt{1+t^2}}{(1+t^2-m^2)^{\frac{3}{2}}} = R\int \frac{d\varphi}{(1-m^2\cos^2\varphi)\sqrt{1-m^2\cos^2\varphi}},$$

en posant

$$t = \text{tang}\,\varphi, \quad \text{et l'on peut supposer} \quad m^2 < 1;$$

puis

$$\int \frac{d\theta f\theta}{\left(1+\theta^2-\frac{1}{m^2}\right)^{\frac{3}{2}}} = r\int \frac{d\psi}{\left(1-\frac{1}{m^2}\cos^2\psi\right)\sqrt{1-\frac{1}{m^2}\cos^2\psi}},$$

en posant

$$\theta = \text{tang.}\,\psi,$$

et si l'on prend $\cos\psi = m\cos\chi$,

$$\int \frac{d\theta f\theta}{\left(1+\theta^2-\frac{1}{m^2}\right)^{\frac{3}{2}}} = mr\int \frac{d\chi}{(1-\cos^2\chi)\sqrt{1-m^2\cos^2\chi}};$$

de là

$$W = x\frac{1+m}{\text{tang}\chi} + y\frac{(1+m)\cos\varphi}{\sqrt{1-m^2\cos^2\varphi}} + r\left\{\frac{\sqrt{1-m^2\cos^2\chi}}{\left(1-\frac{1}{m}\right)\sin\chi} + \frac{\sin\varphi}{(1-m)\sqrt{1-m^2\cos^2\varphi}}\right\}$$

$$-\left\{(1+m)R\int \frac{d\varphi}{(1-m^2\cos^2\varphi)\sqrt{1-m^2\cos^2\varphi}} + (1+m)r\int \frac{d\chi}{(1-\cos^2\chi)\sqrt{1-m^2\cos^2\chi}} + h\right\}.$$

CHAPITRE II

Surfaces dont les lignes de courbure sont les unes planes et les autres sphériques.

PRÉLIMINAIRES.

29. Soit

$$-ax - by - cz = u$$

l'équation générale des plans des lignes planes, soit

$$(x-\alpha)^2 + (y-\beta)^2 + (z-\gamma)^2 = \alpha^2 + \beta^2 + \gamma^2 + 2v = \theta^2,$$

celle des sphères sur lesquelles se trouvent les lignes sphériques, nous aurons

$$(1) \qquad \begin{aligned} -ax - by - cz &= u, \\ ap + bq - c &= l\sqrt{1+p^2+q^2}, \end{aligned}$$

$$(2) \qquad \begin{aligned} (x-\alpha)^2 + (y-\beta)^2 + (z-\gamma)^2 &= \alpha^2 + \beta^2 + \gamma^2 + 2v = \theta^2, \\ -(x-\alpha)p - (y-\beta)q + z - \gamma &= \lambda\sqrt{1+p^2+q^2}, \end{aligned}$$

l désignant une constante pour tous les points d'une même ligne plane, variant d'une ligne à une autre, λ étant dans le même cas pour les lignes sphériques.

30. Soient en un point M(x, y, z), quelconque sur la surface, MN la normale à cette surface, MP l'axe du plan de la première ligne de courbure, MO le rayon de la sphère à laquelle appartient la seconde, MT et MT′ les tangentes de ces deux lignes.

Les plans OMN, NMP sont perpendiculaires entre eux, l'étant aux tangentes MT, MT'; on a donc

$$\cos(MO, MP) = \cos(MO, MN) \cdot \cos(MP, MN),$$

par suite, vu les secondes équations (1) et (2),

$$a\alpha + b\beta + c\gamma + u = l\lambda. \tag{3}$$

Réciproquement, si les équations (1), (2), (3) s'appliquent à la fois à une surface, les lignes de courbure en sont, les unes planes, les autres sphériques.

La surface présentera en effet, d'après les équations (1) et (2), des sections planes et des lignes sphériques qui en seront des lignes de courbure. Puis, en raison de l'équation (3), une section plane et une ligne sphérique se coupent à angle droit. Les deux suites de lignes seront donc distinctes, par conséquent elles constituent les deux séries de lignes de courbure.

31. En procédant comme dans le premier chapitre, et par le même genre de notations, nous déduirons de l'équation (3)

$$a\alpha' + b\beta' + c\gamma' = l\lambda',$$
$$a\alpha'' + b\beta'' + c\gamma'' = l\lambda'',$$

d'où

$$a(\alpha'\lambda'' - \alpha''\lambda') + b(\beta'\lambda'' - \beta''\lambda') + c(\gamma'\lambda'' - \gamma''\lambda') = 0,$$
$$a'(\alpha'\lambda'' - \alpha''\lambda') + b'(\beta'\lambda'' - \beta''\lambda') + c'(\gamma'\lambda'' - \gamma''\lambda') = 0,$$
$$a''(\alpha'\lambda'' - \alpha''\lambda') + b''(\beta'\lambda'' - \beta''\lambda') + c''(\gamma'\lambda'' - \gamma''\lambda') = 0,$$

équations qui exigent

soit $\lambda' = 0$, ou $\lambda = m$,

soit $\dfrac{\lambda''}{\lambda'} = \dfrac{\alpha''}{\alpha'} = \dfrac{\beta''}{\beta'} = \dfrac{\gamma''}{\gamma'}$, d'où $\alpha = K\gamma + h$, $\beta = K_1\gamma + h_1$,

soit α, β, γ égales à des constantes,

soit $\begin{vmatrix} a & b & c \\ a' & b' & c' \\ a'' & b'' & c'' \end{vmatrix} = 0$, d'où $Aa + Bb + Cc = 0.$

On a également

$$a\alpha'+b\beta'+c\gamma'=l\lambda',$$
$$a'\alpha'+b'\beta'+c'\gamma'=l'\lambda',$$

d'où

$$(al'-a'l)\alpha'+(bl'-b'l)\beta'+(cl'-c'l)\gamma'=0,$$
$$(al'-a'l)\alpha''+(bl'-b'l)\beta''+(cl'-c'l)\gamma''=0,$$
$$(al'-a'l)\alpha'''+(bl'-b'l)\beta'''+(cl'-c'l)\gamma'''=0,$$

ce qui exige

soit α, β, γ égales à des constantes.

soit $l=0$;

soit $\frac{l'}{l}=\frac{a'}{a}=\frac{b'}{b}=\frac{c'}{c}$, d'où $b=ka$, $c=k_1a$;

soit $\begin{vmatrix} \alpha' & \beta' & \gamma' \\ \alpha'' & \beta'' & \gamma'' \\ \alpha''' & \beta''' & \gamma''' \end{vmatrix}=0$, d'où $A_1\alpha+B_1\beta+C_1\gamma+D_1=0.$

Réciproquement :
si l'on a

$$\lambda=m,$$

il s'ensuivra

$$a\alpha'+b\beta'+c\gamma'=0,$$
$$a\alpha''+b\beta''+c\gamma''=0,$$
$$a\alpha'''+b\beta'''+c\gamma''=0,$$

d'où soit

$$\alpha, \beta, \gamma \quad \text{constantes},$$

soit

$$A_1\alpha+b_1\beta+c_1\gamma+D_1=0.$$

D'autre part,

$$a\alpha'+b\beta'+c\gamma'=0,$$
$$a'\alpha'+b'\beta'+c'\gamma'=0,$$
$$a''\alpha'+b''\beta'+c''\gamma'=0;$$

d'où

$$Aa+Bb+Cc=0,$$

à moins qu'on n'ait α, β, γ égales à des constantes.

Si l est égal à zéro, on aura

$$a\alpha + b\beta + c\gamma + u = 0,$$

d'où

$$a\alpha' + b\beta' + c\gamma' = 0,$$
$$a'\alpha' + b'\beta' + c'\gamma' = 0,$$
$$a''\alpha' + b''\beta' + c''\gamma' = 0,$$

et

$$a\alpha' + b\beta' + c\gamma' = 0,$$
$$a\alpha'' + b\beta'' + c\gamma'' = 0,$$
$$a\alpha''' + b\beta''' + c\gamma''' = 0,$$

ce qui entraîne que α, β, γ soient des constantes, ou qu'on ait

$$Aa + Bb + Cc = 0,$$
$$A_1\alpha + B_1\beta + C_1\gamma + D_1 = 0.$$

Si α, β, γ sont des constantes, on a

$$l\lambda' = 0,$$

de sorte qu'alors il vient

$$l = 0$$

ou

$$\lambda = m.$$

Si $\alpha = k\gamma + h$, $\beta = k_1\gamma + h_1$, en prenant la droite pour axe des z, on aura

$$\alpha = 0, \quad \beta = 0,$$
$$u + c\gamma = l\lambda,$$

d'où

$$c\gamma' = l\lambda',$$
$$c = l\frac{\lambda'}{\gamma'},$$

ce qui veut

soit $\quad l = 0, \quad c = 0,$

soit $\quad \lambda = m, \quad c = 0,$

soit $$\lambda = \frac{\gamma}{m} + m_1, \quad u = cm_1 m.$$

Dans le dernier cas, l'équation générale des plans devient

$$-ax - by - c(z + mm_1) = 0,$$

les plans passent par un point fixe.

Si l'on a

$$b = ka, \quad c = k_1 a,$$

il vient

$$a(\alpha + k\beta + k_1\gamma) + u = l\lambda,$$

ou

$$\alpha + k\beta + k\gamma + u = l\lambda,$$

en disposant de a et le prenant égal à 1 ; d'où

$$\alpha' + k\beta' + k_1\gamma' = l\lambda';$$

par suite

soit $$\lambda = m, \quad \alpha + k\beta + k_1\gamma = m_1,$$

soit $$l = m.$$

32. — Nous devons conclure que les circonstances à examiner sont :

1° D'avoir α, β, γ égales à des constantes, cas se subdivisant en deux autres, celui où l'on a $l = 0$, et celui où l'on a $\lambda = m$.

2° D'avoir

$$\alpha = k\gamma + h, \quad \beta = k_1\gamma + h_1,$$

en y traitant, à côté du cas général, les cas particuliers de $\lambda = m$, et de $l = 0$.

3° D'avoir

$$b - ka, \quad c - k_1 a,$$

cas qui se subdivise en deux, suivant que l'on a

$$l = m \quad \text{ou} \quad \lambda = m;$$

4° D'avoir

$$Aa + Bb + Cc = 0,$$

$$A_1\alpha + B_1\beta + C_1\gamma + D_1 = 0$$

avec examen particulier des cas de $\lambda = m$ et de $l = 0$.

Ier Cas. — LES SPHÈRES CONCENTRIQUES.

33. 1° Soit —

$$l = 0.$$

Prenons pour origine le centre des sphères. Les équations seront

$$(1)\quad \begin{aligned} -ax - by - cz &= u, \\ ap + bq - c &= 0, \end{aligned} \qquad (2)\quad \begin{aligned} x^2 + y^2 + z^2 &= 2v, \\ -px - qy + z &= \lambda\sqrt{1 + p^2 + q^2}, \end{aligned}$$

$$(3)\qquad u = 0;$$

c'est-à-dire, en faisant

$$c = -1, \quad b = Fa, \quad 2v = \theta^2, \quad \lambda = f\theta,$$

$$(1)\quad \begin{aligned} z &= ax + by, \\ ap + bq + 1 &= 0, \end{aligned} \qquad (2)\quad \begin{aligned} x^2 + y^2 + z^2 &= \theta^2, \\ -px - qy + z &= \lambda\sqrt{1 + p^2 + q^2}, \end{aligned}$$

$$b = Fa, \quad \lambda = f\theta.$$

On voit par les équations (1) que les plans des lignes planes passent au centre commun des sphères, et qu'ils sont normaux à la surface. Les lignes sphériques sont en conséquence des trajectoires orthogonales à ces plans. Elles sont donc décrites par les points de l'une d'elles, quand on fait rouler son plan sur le cône qu'enveloppent les plans des lignes planes, et celles-ci sont les positions de la ligne qu'on fait ainsi mouvoir.

On peut prendre arbitrairement le cône et une première ligne dans l'un de ses plans tangents.

Prendre arbitrairement Fa, c'est fixer le cône à volonté. Pour l'analyse, au lieu d'une première ligne prise dans un plan tangent au cône, nous supposerons assignée l'expression de λ en fonction de θ, à savoir $f\theta$.

Soit φ l'angle que fait le rayon OM avec la tangente MT à la ligne plane qui passe en M. Comme d'après la seconde des équations (1) le plan de la ligne est orthogonal à la surface, on a

$$\sin\varphi = \cos(\theta, N) = \frac{-px - qy + z}{\theta\sqrt{1 + p^2 + q^2}} = \frac{f\theta}{\theta}.$$

L'angle φ ne dépend ainsi que de θ. Il s'ensuit que les lignes planes sont toutes égales. En outre, la distance de l'origine O au plan tangent à la surface en M étant

$$\frac{-px-qy+z}{\sqrt{1+p^2+q^2}}=f\theta,$$

et cette distance étant celle de la tangente MT au point O, les lignes planes sont toutes disposées de la même manière à l'égard du point O ; les points homologues de ces lignes sont donc sur des sphères concentriques au cône. Ce sont là des conséquences des équations (1) et (2) conformes aux faits géométriques qui viennent d'être énoncés.

Détermination analytique des lignes de courbure sphériques.

34. — Toute ligne de courbure sphérique étant orthogonale aux plans des lignes planes, on a pour une pareille ligne

$$\frac{dx}{a}=\frac{dy}{b}=\frac{dz}{-1}.$$

Proposons-nous d'obtenir une équation différentielle entre z et a.

Vu l'équation

$$adx+bdy-dz+xda+ydb=0,$$

on aura

$$\frac{dx}{a}=\frac{dy}{b}+\frac{dz}{-1}=\frac{adx+bdy-dz}{a^2+b^2+1}=\frac{-(xda+ydb)}{a^2+b^2+1};$$

donc

$$xda+ydb=(a^2+b^2+1)dz.$$

Mais des équations

$$ax+by=z,$$

$$x^2+y^2+z^2=\theta^2$$

on déduit

$$x=\frac{az\pm bR}{a^2+b^2},\quad y=\frac{bz\mp aR}{a^2+b^2},$$

en posant

$$R=\sqrt{(a^2+b^2)\theta^2-(a^2+b^2+1)z^2}=\pm(bx-ay).$$

De là l'équation

$$\frac{z(ada+bdb)}{(a^2+b^2)\sqrt{a^2+b^2+1}\,R}-\frac{\sqrt{a^2+b^2+1}\,dz}{R}\pm\frac{bda-adb}{(a^2+b^2)\sqrt{a^2+b^2+1}}=0.$$

L'ensemble des deux premiers termes ayant pour intégrale

$$-\text{arc tang} \frac{z\sqrt{a^2+b^2+1}}{R},$$

on a pour l'intégrale de l'équation

$$V = -\text{arc tang} \frac{z\sqrt{a^2+b^2+1}}{R} + K \pm \int \frac{bda - adb}{(a^2+b^2)\sqrt{a^2+b^2+1}} = 0,$$

K étant là une fonction de θ.

Les lignes sphériques sont ainsi déterminées par les équations

$$V = 0, \quad x^2 + x^2 + z^2 = \theta^2,$$

supposé que a et b en soient éliminés au moyen des équations

$$ax + by = z, \quad b = Fa.$$

La surface étant le lieu de ses lignes sphériques, sera donc représentée par l'équation

$$V = 0,$$

après l'élimination de a, b, θ, à l'aide des équations

$$x^2 + y^2 + z^2 = \theta^2, \quad ax + by = z, \quad b = Fa,$$

en supposant K exprimé en fonction de θ.

35. Les choses ainsi considérées, nous allons déterminer K, en nous proposant de satisfaire à la seconde des équations (2).

Nous avons d'abord

$$\frac{dV}{da}\frac{da}{dx} + \frac{dV}{dz}p + \frac{dV}{d\theta}\frac{d\theta}{dx} = 0, \qquad a + \left(x + y\frac{db}{da}\right)\frac{da}{dx} = p,$$

$$x + pz = \theta\frac{d\theta}{dx},$$

de sorte que

$$\frac{dV}{da}\frac{p-a}{x + y\frac{db}{da}} + \frac{dV}{dz}p + \frac{dV}{d\theta}\frac{x+pz}{\theta} = 0,$$

et comme l'on a

$$\frac{dV}{da}=\frac{z\left(a+b\frac{db}{da}\right)}{(a^2+b^2)\sqrt{a^2+b^2+1}\,R}\pm\frac{b-a\frac{db}{da}}{(a^2+b^2)\sqrt{a^2+b^2+1}}=\frac{x+y\frac{db}{da}}{\sqrt{a^2+b^2+1}\,R}$$

$$\frac{dV}{dz}=-\frac{\sqrt{a^2+b^2+1}}{R}$$

$$\frac{dV}{d\theta}=\frac{z\sqrt{a^2+b^2+1}}{\theta R}+\frac{dK}{d\theta},$$

il vient

$$\frac{p-a}{\sqrt{a^2+b^2+1}\,R}-\frac{\sqrt{a^2+b^2+1}}{R}\,p+\left(\frac{z\sqrt{a^2+b^2+1}}{\theta R}+\frac{dK}{d\theta}\right)\frac{x+pz}{\theta}=0;$$

on aura de même

$$\frac{q-b}{\sqrt{a^2+b^2+1}\,R}-\frac{\sqrt{a^2+b^2+1}}{R}\,q+\left(\frac{z\sqrt{a^2+b^2+1}}{\theta R}+\frac{dK}{d\theta}\right)\frac{y+qz}{\theta}=0.$$

De là

$$p=\frac{a\theta^2-xz(a^2+b^2+1)-\theta Rx\sqrt{a^2+b^2+1}\,\frac{dK}{d\theta}}{\left(-R+\theta z\sqrt{a^2+b^2+1}\,\frac{dK}{d\theta}\right)R}$$

$$q=\frac{b\theta^2-yz(a^2+b^2+1)-\theta Ry\sqrt{a^2+b^2+1}\,\frac{dK}{d\theta}}{\left(-R+\theta z\sqrt{a^2+b^2+1}\,\frac{dK}{d\theta}\right)R}.$$

Ces valeurs donnent, quel que soit K,

$$ap+bq+1=0.$$

Nous en tirons

$$z-px-qy=\frac{\theta^3R\sqrt{a^2+b^2+1}\,\frac{dK}{d\theta}}{\left(-R+\theta z\sqrt{a^2+b^2+1}\,\frac{dK}{d\theta}\right)R}$$

$$p^2+q^2+1=\frac{-\theta^2(a^2+b^2+1)+z(a^2+b^2+1)(z-px-qy)+\theta\frac{dK}{d\theta}(z-px-qy)R\sqrt{a^2+b^2+1}}{\left(-R+\theta z\sqrt{a^2+b^2+1}\,\frac{dK}{d\theta}\right)R}$$

$$=\frac{(a^2+b^2+1)\theta^2+\theta^4(a^2+b^2+1)\left(\frac{dK}{d\theta}\right)^2}{\left(-R+\theta z\sqrt{a^2+b^2+1}\,\frac{dK}{d\theta}\right)^2}.$$

En substituant dans l'équation, $-px - qy + z = \lambda\sqrt{1 + p^2 + q^2}$, on obtient

$$\theta^2(\theta^2 - \lambda^2)\left(\frac{dK}{d\theta}\right)^2 = \lambda^2,$$

$$\frac{dK}{d\theta} = \frac{\lambda}{\theta\sqrt{\theta^2 - \lambda^2}},$$

ce qui donne

$$K = \int\frac{\lambda d\theta}{\theta\sqrt{\theta^2 - \lambda^2}} = -\text{arc tang}\,\frac{\lambda}{\sqrt{\theta^2 - \lambda^2}} + \int\frac{d\lambda}{\sqrt{\theta^2 - \lambda^2}}.$$

L'équation intégrale est donc

$$V = -\text{arc tang}\,\frac{z\sqrt{a^2 + b^2 + 1}}{R} - \text{arc tang}\,\frac{\lambda}{\sqrt{\theta^2 - \lambda^2}} + \int\frac{d\lambda}{\sqrt{\theta^2 - \lambda^2}} \pm \int\frac{bda - adb}{(a^2 + b^2)\sqrt{a^2 + b^2 + 1}} = 0.$$

Les signes supérieur et inférieur pour la dernière intégrale correspondent aux signes de même ordre dans les expressions

$$x = \frac{az \pm bR}{a^2 + b^2}, \quad y = \frac{bz \mp aR}{a^2 + b^2},$$

ou

$$\pm(bx - ay) = R.$$

On y joindra les équations

$$z = ax + by, \qquad b = Fa,$$
$$x^2 + y^2 + z^2 = \theta^2, \qquad \lambda = f\theta.$$

L'élimination de a et de b donnera les équations générales des lignes de courbure sphériques ; celle de θ et de λ les équations générales des lignes planes.

Dans son application de l'analyse à la géométrie, Monge a donné pour les lignes sphériques une équation qui revient à notre première détermination de V (§ 34), mais par une analyse moins simple que la nôtre.

36. On aura les mêmes équations (1) et (2) pour la série des surfaces parallèles à celle que nous venons de déterminer, sauf à remplacer

$$\lambda \text{ par } N + \lambda \quad \text{et} \quad \theta^2 \text{ par } \theta'^2 = N^2 + \theta^2 + 2N\lambda.$$

2. Soit

$$\lambda = m.$$

37. En plaçant l'origine au centre des sphères, on a

$$(1)\quad \begin{aligned} -ax-by-cz&=ml,\\ ap+bq-c&=l\sqrt{1+p^2+q^2},\end{aligned}\qquad (2)\quad \begin{aligned} x^2+y^2+z^2&=\theta^2,\\ -px-qy+z&=m\sqrt{1+p^2+q^2}.\end{aligned}$$

Nous pouvons déduire de la seconde des équations (2) que la surface est une sphère concentrique à l'origine de rayon m, ou bien une surface développable circonscrite à cette sphère.

Il résulte en effet de cette équation qu'on a

$$-rx-sy=m\frac{pr+qs}{\sqrt{1+p^2+q^2}},$$

$$-sx-ty=m\frac{ps+qt}{\sqrt{1+p^2+q^2}},$$

d'où soit

$$rt-s^2=0,$$

soit

$$x=\frac{-mp}{\sqrt{1+p^2+q^2}},\quad y=\frac{-mq}{\sqrt{1+p^2+q^2}},\quad z=\frac{m}{\sqrt{1+p^2+q^2}}.$$

Au dernier cas, on aurait

$$\frac{-m}{\sqrt{1+p^2+q^2}}=\frac{x}{p}=\frac{y}{q}=\frac{z}{-1}=\frac{\sqrt{x^2+y^2+z^2}}{\sqrt{1+p^2+q^2}},\quad \text{donc}\quad x^2+y^2+z^2=m^2.$$

C'est une solution à écarter.

Il reste ainsi

$$rt-s^2=0;$$

c'est-à-dire que la surface est développable. La distance du plan tangent à l'origine étant égale à m constamment, la surface est circonscrite à la sphère du rayon m qui a l'origine pour centre.

Qu'on prenne sur la sphère une ligne quelconque, l'enveloppe des plans tangents à la sphère le long de cette ligne sera une surface développable circonscrite, sur laquelle la ligne sera une trajectoire orthogonale aux génératrices rectilignes. Les lignes de courbure de la surface seront ces génératrices et leurs trajectoires orthogonales. La ligne de contact sur la sphère est l'une de celles-ci, les autres du même système seront sur des sphères concentriques, parce que les portions de génératrices interceptées entre la première et chacune d'elles seront égales. On peut encore déduire le même fait de ce que la surface est le lieu d'une droite située dans un plan qui roule sur un cône ayant l'origine pour sommet, et n'est ainsi qu'un cas particulier de la surface obtenue dans le cas précédent. Considérons en effet sur la sphère la développée de la ligne directrice, et imaginons le cône qui, ayant le centre de la sphère pour sommet, passe par cette développée. Soit μ le point de cette dernière ligne correspondant au point M de la directrice. Si l'on fait rouler sur le cône le plan $\mathrm{OM}\mu$, le point M décrira la directrice. Mais la tangente en M à l'arc $\mathrm{M}\mu$ sera une droite de ce plan qui sera la génératrice même de notre surface développable.

38. — Nous pouvons assujettir les plans donnés par la première des équations (1) à passer par l'origine : c'est prendre $l = 0$, d'où résulte, en faisant $c = -1$,

$$(1)\quad \begin{aligned} z &= ax + by, \\ ap + bq + 1 &= 0, \end{aligned} \qquad (2)\quad \begin{aligned} x^2 + y^2 + z^2 &= \rho^2, \\ -px - qy + z &= m\sqrt{1 + p^2 + q^2}, \end{aligned}$$

équations que donnent celles du cas précédent, quand on y fait $\lambda = m$.

De là pour l'intégrale, l'équation

$$\mathrm{V} = -\operatorname{arc tang} \frac{z\sqrt{a^2+b^2+1}}{\sqrt{(a^2+b^2)\rho^2 - (a^2+b^2+1)z^2}} - \operatorname{arc tang} \frac{m}{\sqrt{\rho^2 - m^2}} \pm \int \frac{bda - adb}{(a^2+b^2)\sqrt{a^2+b^2+1}} = 0;$$

On y joindra

$$z = ax + by, \qquad x^2 + y^2 + z^2 = \rho^2, \qquad b = \mathrm{F}a.$$

L'équation

$$-px - qy + z = m\sqrt{1 + p^2 + q^2}$$

est ici l'équation même du plan tangent à la surface, quand on y considère x, y, z comme coordonnées courantes, et les valeurs de p et de q comme relatives à un point de contact. Qu'une relation soit donc donnée ou établie entre p et q, l'équation de la surface résultera de l'élimination de p et de q entre cette relation, et

$$\mathrm{V} = 0, \qquad \frac{d\mathrm{V}}{dp} = 0,$$

V désignant $-px - py + z - m\sqrt{1 + p^2 + q^2}$.

2e **Cas.** — LES CENTRES DES SPHÈRES SUR UNE MÊME DROITE.

39. Prenons la droite pour axe des z; les équations seront

$$(1)\quad \begin{cases} -ax-by-cz=u, \\ ap+bq-c=l\sqrt{1+p^2+q^2}, \end{cases} \qquad (2)\quad \begin{cases} x^2+y^2+(z-\gamma)^2=\gamma^2+2\upsilon, \\ -px-qy+z-\gamma=\lambda\sqrt{1+p^2+q^2}, \end{cases}$$

$$(3)\qquad u+c\gamma=l\lambda,$$

on tire de la dernière

$$c\gamma'=l\lambda',$$

$$c=l\frac{\lambda'}{\gamma'},$$

ce qui exige qu'on ait

Soit $l=0,\quad c=0,\quad u=0$;

Soit $\lambda=m,\quad c=0,\quad u=lm$;

Soit $\frac{\lambda'}{\gamma'}=\frac{1}{m},\quad l=cm,\quad \lambda=\frac{\gamma}{m}+m_1,\quad u=cm_1m.$

Réserve faite des deux premières circonstances, nous aurons donc ici pour la première des équations (1)

$$-ax-by-c(z+mm_1)=0,$$

d'après quoi les plans des lignes du premier système ont un point fixe pour lequel

$$x=0,\quad y=0,\quad z=-mm_1.$$

Si on y porte l'origine, il s'ensuivra $m_1=0$, $\lambda=\frac{\gamma}{m}$, et si l'on fait $c=-1$, $\gamma^2+2\upsilon=\theta^2$, les équations seront

$$(1)\quad \begin{array}{l} z = ax + by, \\ ap + bq + 1 = -m\sqrt{1+p^2+q^2}, \end{array} \qquad (2)\quad \begin{array}{l} x^2 + y^2 + (z-\gamma)^2 = \theta^2, \\ -px - qy + z - \gamma = \frac{\gamma}{m}\sqrt{1+p^2+q^2}, \end{array}$$

m se supposant différent de zéro, et de ∞.

Nous pouvons considérer b comme fonction arbitraire de a, et θ comme l'étant de γ, de sorte que nous poserons

$$b = \mathrm{F}a, \quad \theta = f\gamma.$$

40. Nous avons ici, d'après les secondes des équations (1) et (2),

$$\cos(\mathrm{N}, \theta) = \frac{\gamma}{m\theta} \quad \text{ou} \quad \frac{\theta \cos(\mathrm{N}, \theta)}{\gamma} = \frac{1}{m},$$

et

$$\cos(\mathrm{N}, \mathrm{P}) = -m\cos(\mathrm{P}, z).$$

La seconde de ces relations s'applique aux lignes qui sur une sphère correspondent aux lignes du premier système, et il s'ensuit que les plans de ces lignes concourent aussi en un même point. Car si l'équation générale des plans sécants à la sphère est

$$a\xi + b\eta = \zeta + h,$$

l'on aura

$$\cos(\mathrm{N}, \mathrm{P}) = \frac{\xi a + b\eta - \zeta}{r\sqrt{a^2+b^2+1}} = -\frac{\xi a + b\eta - \zeta}{r}\cos(\mathrm{P}, z),$$

donc

$$\xi a + b\eta - \zeta = mr,$$

ce qui accuse un point fixe donné par

$$\xi = 0, \quad \eta = 0, \quad \zeta = -mr.$$

Les lignes qui correspondront sur la sphère aux lignes du second système seront donc les trajectoires orthogonales aux cercles suivant lesquels elle est coupée par les plans dont l'équation générale est

$$\xi a + b\eta - \zeta = mr,$$

eu égard à $b = \mathrm{F}a$.

41. Pour la détermination géométrique de la surface, il se présente ici des considérations analogues à celles que nous avons développées au sujet des surfaces dont les lignes de courbure sont toutes planes.

Soit donné l'axe *oz*, lieu des centres des sphères. Soit connu sur cet axe le point O, sommet des cônes qu'enveloppent les plans des lignes de courbure planes; et soit donné le cône, ainsi qu'une ligne dans l'un de ses plans tangents comme première ligne de courbure plane. Soit d'ailleurs assignée la constante m.

Considérons une sphère de rayon r, prenons sur une parallèle à *oz* menée par son centre un point dont la distance à ce centre soit $-mr$, et imaginons un cône homothétique au cône donné qui ait ce point pour sommet. Menons à ce nouveau cône un plan tangent parallèle au plan de la ligne de courbure donnée; la section du plan et de la sphère sera la ligne sphérique correspondant à cette première ligne de courbure. Suivant la section, on aura un cône tangent à la sphère, et suivant la ligne donnée un hélicoïde correspondant. Les intersections de l'hélicoïde et de la sphère par des plans parallèles respectivement tangents aux deux cônes et infiniment voisins des premiers seront une seconde ligne de courbure plane de la surface et la ligne correspondante sur la sphère. Il s'ensuivra un second cône tangent à la sphère, un second hélicoïde circonscrit à la surface; et en continuant ainsi, la surface sera le lieu des lignes de courbure successivement construites.

La ligne du premier système que nous nous sommes ainsi donnée correspond à une fonction arbitraire qui s'introduirait par une intégration directe des équations (1). La surface serait ainsi fixée par cette fonction arbitraire, par la relation $b = Fa$, et par la constante m. Elle pourrait l'être également par la relation $\theta = f\gamma$, la constante m et une fonction arbitraire qu'amènerait une intégration directe des équations (2).

Dans ce qui va suivre, nous nous proposons de faire dépendre analytiquement la surface des deux relations $b = Fa$, $\theta = f\gamma$. C'est le point de vue où nous nous sommes placés précédemment, et qui doit dominer dans tout ce travail.

Recherche des lignes de courbure sphériques.

42. Les droites MT', MN, MP étant situées dans un même plan, la seconde perpendiculaire à la première, nous avons

$$\cos(\mathrm{MT'}, \mathrm{MP}) = \pm \sin(\mathrm{MN}, \mathrm{MP}),$$

ce qui donne, pour déterminer les lignes sphériques,

$$(4) \qquad \begin{aligned} & x^2 + y^2 + (z-\gamma)^2 = \theta^2, \\ & (adx + bdy - dz)^2 = (a^2 + b^2 + 1 - m^2)\, ds^2, \end{aligned}$$

ou, à cause de $z = ax + by$,

$$(4') \qquad \begin{aligned} & x^2 + y^2 + (z-\gamma)^2 = \theta^2, \\ & (xda + ydb)^2 = (a^2 + b^2 + 1 - m^2)(dx^2 + dy^2 + dz^2). \end{aligned}$$

Cherchons une équation différentielle entre a et z.

Des relations

$$\begin{aligned} & ax + by = z, \\ & x^2 + y^2 + (z-\gamma)^2 = \theta^2, \end{aligned}$$

on tire

$$\begin{aligned} & adx + bdy = dz - xda - ydb, \\ & xdx + ydy = -(z-\gamma)\, dz, \end{aligned}$$

et de là

$$\begin{aligned} (ay - bx)^2 (dx^2 + dy^2 + dz^2) = & [(a^2 + b^2 + 1)\theta^2 - \gamma^2]\, dz^2 - 2[\theta^2 + \gamma(z-\gamma)](xda + ydb)\, dz \\ & + [\theta^2 - (z-\gamma)^2](xda + ydb)^2, \end{aligned}$$

$$(5) \quad x = \frac{az \pm b\mathrm{R}}{a^2 + b^2}, \quad y = \frac{bz \mp a\mathrm{R}}{a^2 + b^2}, \quad \pm(bx - ay) = \mathrm{R} = \sqrt{(a^2 + b^2)[\theta^2 - (z-\gamma)^2] - z^2}.$$

Il s'ensuit, eu égard à l'équation (4)',

$$\left\{ xda + ydb - \frac{(a^2 + b^2 + 1 - m^2)[\theta^2 + \gamma(z-\gamma)]}{(1-m^2)[\theta^2 - (z-\gamma)^2] + z^2}\, dz \right\}^2 = \frac{(a^2 + b^2 + 1 - m^2)(m^2\theta^2 - \gamma^2)}{\{(1-m^2)[\theta^2 - (z-\gamma)^2] + z^2\}^2}\, \mathrm{R}^2 dz^2.$$

L'équation (4) exigeant qu'on ait $a^2 + b^2 + 1 - m^2 \geqq 0$, on aura aussi $m^2\theta^2 - \gamma^2 \geqq 0$.

De là

$$xda + ydb - \frac{(a^2 + b^2 + 1 - m^2)[\theta^2 + \gamma(z-\gamma)]}{(1-m^2)[\theta^2 - (z-\gamma)^2] + z^2} = \frac{\sqrt{a^2 + b^2 + 1 - m^2}\, \sqrt{m^2\theta^2 - \gamma^2}}{(1-m^2)[\theta^2 - (z-\gamma)^2] + z^2}\, \mathrm{R}dz,$$

$\sqrt{m^2\theta^2 - \gamma^2}$ emportant implicitement le double signe.

En posant

$$(1-m^2)[\theta^2-(z-\gamma)^2]+z^2=\Theta,$$

cette équation se transforme en

$$(6)\qquad \frac{z}{\sqrt{a^2+b^2+1-m^2}\,R}\,\frac{ada+bdb}{a^2+b^2}-\frac{\sqrt{a^2+b^2+1-m^2}\,[\theta^2+\gamma(z-\gamma)]dz}{\Theta R}$$

$$=\mp\frac{bda-adb}{(a^2+b^2)\sqrt{a^2+b^2+1-m^2}}-\frac{\sqrt{m^2\theta^2-\gamma^2}\,dz}{\Theta}.$$

43. Dans le premier membre, la différentielle du premier terme par rapport à z, et celle du second par rapport à a ont pour valeur commune

$$\frac{(ada+bdb)[\theta^2+\gamma(z-\gamma)]dz}{\sqrt{a^2+b^2+1-m^2}\,R^3}.$$

Le premier membre est donc la différentielle complète d'une fonction de a et de z. Cette fonction est

$$V_1=-\frac{1}{\sqrt{1-m^2}}\operatorname{arctg}\frac{z\sqrt{a^2+b^2+1-m^2}}{\sqrt{1-m^2}\,R}.$$

Il est aisé de le vérifier.

On trouve d'ailleurs pour l'intégrale du second terme du second membre

$$\frac{1}{\sqrt{1-m^2}}\operatorname{arctg}\frac{m^2(z-\gamma)+\gamma}{\sqrt{1-m^2}\,\sqrt{m^2\theta^2-\gamma^2}}.$$

De là pour l'intégrale de l'équation différentielle (6),

$$(7)\quad V=-\frac{1}{\sqrt{1-m^2}}\operatorname{arctg}\frac{z\sqrt{a^2+b^2+1-m^2}}{\sqrt{1-m^2}\,R}+\frac{1}{\sqrt{1-m^2}}\operatorname{arctg}\frac{m^2(z-\gamma)+\gamma}{\sqrt{1-m^2}\,\sqrt{m^2\theta^2-\gamma^2}}$$

$$\pm\int\frac{bda-adb}{(a^2+b^2)\sqrt{a^2+b^2+1-m^2}}+K=0,$$

supposé $m^2<1$,

K désignant une fonction de γ.

44. L'expression de V_1 s'obtient assez péniblement en procédant par les voies régulières. Le procédé suivant est, je crois, des plus simples.

Considérons le second terme de l'équation différentielle,

$$-\frac{\sqrt{a^2+b^2+1-m^2}[\theta^2+\gamma(z-\gamma)]dz}{\Theta R}.$$

On peut le mettre sous la forme

$$-\frac{1}{2}\frac{[\theta^2+\gamma(z-\gamma)]dz}{\sqrt{\theta^2-(z-\gamma)^2}R\left[\sqrt{a^2+b^2+1-m^2}\sqrt{\theta^2-(z-\gamma)^2}-R\right]}$$

$$+\frac{1}{2}\frac{(\theta^2+\gamma(z-\gamma))dz}{-\sqrt{\theta^2-(z-\gamma)^2}R\left[\sqrt{a^2+b^2+1-m^2}\sqrt{\theta^2-(z-\gamma)^2}+R\right]}$$

en observant que l'on a

$$\Theta=(a^2+b^2+1-m^2)[\theta^2-(z-\gamma)^2]-R^2.$$

Or, si l'on pose

$$z=\sqrt{a^2+b^2}\sqrt{\theta^2-(z-\gamma)^2}.\ u,$$

il vient

$$[\theta^2+\gamma(z-\gamma)]dz=\sqrt{a^2+b^2}[\theta^2-(z-\gamma)^2]^{\frac{3}{2}}du,$$

$$R=\sqrt{a^2+b^2}\sqrt{\theta^2-(z-\gamma)^2}\sqrt{1-u^2},$$

$$\frac{-\frac{1}{2}[\theta^2+\gamma(z-\gamma)]dz}{\sqrt{\theta^2-(z-\gamma)^2}R\left[\sqrt{a^2+b^2+1-m^2}\sqrt{\theta^2-(z-\gamma)^2}-R\right]}$$

$$=-\frac{1}{2}\frac{du}{\sqrt{1-u^2}\left[\sqrt{a^2+b^2+1-m^2}-\sqrt{a^2+b^2}\sqrt{1-u^2}\right]},$$

$$=-\frac{dv}{\sqrt{a^2+b^2+1-m^2}-\sqrt{a^2+b^2}+\left[\sqrt{a^2+b^2+1-m^2}+\sqrt{a^2+b^2}\right]v^2}.$$

en posant

$$u=\frac{2v}{1+v^2},$$

différentielle dont l'intégrale est

$$-\frac{1}{\sqrt{1-m^2}}\operatorname{arctg} v\sqrt{\frac{\sqrt{a^2+b^2+1-m^2}+\sqrt{a^2+b^2}}{\sqrt{a^2+b^2+1-m^2}-\sqrt{a^2+b^2}}}$$

$$=-\frac{1}{\sqrt{1-m^2}}\operatorname{arctg}\frac{\sqrt{a^2+b^2}\sqrt{\theta^2-(z-\gamma)^2}-R}{z}\sqrt{\frac{\sqrt{a^2+b^2+1-m^2}+\sqrt{a^2+b^2}}{\sqrt{a^2+b^2+1-m^2}-\sqrt{a^2+b^2}}}.$$

On a en conséquence

$$\int\frac{-\sqrt{a^2+b^2+1-m^2}\{\theta^2+\gamma(z-\gamma)\}dz}{\Theta R}$$

$$=-\frac{1}{\sqrt{1-m^2}}\left[\operatorname{arctg}\frac{\sqrt{a^2+b^2}\sqrt{\theta^2-(z-\gamma)^2}-R}{z}\,\frac{\sqrt{a^2+b^2+1-m^2}+\sqrt{a^2+b^2}}{\sqrt{1-m^2}}\right.$$

$$\left.-\operatorname{arctg}\frac{\sqrt{a^2+b^2}\sqrt{\theta^2-(z-\gamma)^2}+R}{z}\,\frac{\sqrt{a^2+b^2+1-m^2}+\sqrt{a^2+b^2}}{\sqrt{1-m^2}}\right].$$

$$=\frac{1}{\sqrt{1-m^2}}\operatorname{arctg}\frac{R\sqrt{1-m^2}}{z\sqrt{a^2+b^2+1-m^2}}=\frac{1}{\sqrt{1-m^2}}\left(\frac{\pi}{2}-\operatorname{arctg}\frac{z\sqrt{a^2+b^2+1-m^2}}{R\sqrt{1-m^2}}\right).$$

Nous pouvons donc prendre pour intégrale

$$V_1=-\frac{1}{\sqrt{1-m^2}}\operatorname{arc\,tang}\frac{z\sqrt{a^2+b^2+1-m^2}}{R\sqrt{1-m^2}}.$$

L'équation (7) jointe à l'équation $x^2+y^2+(z-\gamma)^2=\theta^2$, déterminera, moyennant une valeur convenable de K toute ligne de courbure sphérique, après l'élimination de a et de b à l'aide des équations $ax+by=z$, $b=Fa$, en ayant égard à $\theta=f\gamma$. L'élimination subséquente de γ donnera l'équation de la surface.

45. Il nous reste à obtenir la fonction de γ désignée par K. Nous allons le faire par la condition que les valeurs de p et de q auxquelles conduit l'équation (7) satisfassent à l'équation

$$(a\gamma-m^2x)p+(b\gamma-m^2y)q+\gamma+m^2(z-\gamma)=0,$$

qui se tire des équations (1) et (2) en éliminant $\sqrt{1+p^2+q^2}$.

On a d'abord, pour déterminer p,

$$\frac{dV}{da}\frac{da}{dx}+\frac{dV}{dz}p+\left(\frac{dV}{d\theta}\frac{d\theta}{d\gamma}+\frac{dV}{d\gamma}+\frac{dK}{d\gamma}\right)\frac{d\gamma}{dx}=0,$$

$$\left(x+y\frac{db}{da}\right)\frac{da}{dx}+a=p,$$

$$x+(z-\gamma)\left(p-\frac{d\gamma}{dx}\right)=\theta\frac{d\theta}{d\gamma}\frac{d\gamma}{dx},$$

d'où

$$\frac{dV}{da}\frac{p-a}{x+y\frac{db}{da}}+\frac{dV}{dz}p+\left(\frac{dV}{d\theta}\frac{d\theta}{d\gamma}+\frac{dV}{d\gamma}+\frac{dK}{d\gamma}\right)\frac{x+p(z-\gamma)}{z-\gamma+\theta\frac{d\theta}{d\gamma}}=0.$$

On a de même

$$\frac{dV}{da}\frac{q-b}{x+y\frac{db}{da}}+\frac{dV}{dz}q+\left(\frac{dV}{d\theta}\frac{d\theta}{d\gamma}+\frac{dV}{d\gamma}+\frac{dK}{d\gamma}\right)\frac{y+q(z-\gamma)}{z-\gamma+\theta\frac{d\theta}{d\gamma}}=0.$$

En multipliant par $a\gamma-m^2x$, et $b\gamma-m^2y$, on en déduit

$$\frac{dV}{da}\frac{\gamma(a^2+b^2+1-m^2)}{x+y\frac{db}{da}}+\frac{dV}{dz}[\gamma+m^2(z-\gamma)]+\left(\frac{dV}{d\theta}\frac{d\theta}{d\gamma}+\frac{dV}{d\gamma}+\frac{dK}{d\gamma}\right)\frac{m^2\theta^2-\gamma^2}{z-\gamma+\theta\frac{d\theta}{d\gamma}}=0,$$

mais l'on a

$$\frac{dV}{da}=\frac{z\left(a+b\frac{db}{da}\right)}{(a^2+b^2)\sqrt{a^2+b^2+1-m^2}R}\pm\frac{b-ab'}{(a^2+b^2)\sqrt{a^2+b^2+1-m^2}},$$

$$\frac{dV}{dz}=-\frac{\sqrt{a^2+b^2+1-m^2}\,[\theta^2+\gamma(z-\gamma)]}{\Theta R}+\frac{\sqrt{m^2\theta^2-\gamma^2}}{\Theta},$$

$$\frac{dV}{d\theta}\frac{d\theta}{d\gamma}+\frac{dV}{d\gamma}=z\frac{\left(\theta\frac{d\theta}{d\gamma}+z-\gamma\right)\sqrt{a^2+b^2+1-m^2}}{\Theta R}+\frac{\gamma z+(1-m^2)\theta^2-[m^2z+(1-m^2)\gamma]\theta\frac{d\theta}{d\gamma}}{\Theta\sqrt{m^2\theta^2-\gamma^2}}.$$

il s'ensuit

$$\gamma\frac{\sqrt{a^2+b^2+1-m^2}}{R}-\frac{\sqrt{a^2+b^2+1-m^2}[\theta^2+\gamma(z-\gamma)][m^2z+(1-m^2)\gamma]}{\Theta R}$$

$$+\frac{(m^2\theta^2-\gamma^2)z\sqrt{a^2+b^2+1-m^2}}{\Theta R}+\frac{\gamma+m^2(z-\gamma)}{\theta}\sqrt{m^2\theta^2-\gamma^2}$$

$$+\frac{\sqrt{m^2\theta^2-\gamma^2}}{\theta\left(z-\gamma+\theta\frac{d\theta}{d\gamma}\right)}\left\{\gamma z+(1-m^2)\theta^2-[m^2z+(1-m^2)\gamma]\,\theta\frac{d\theta}{d\gamma}\right\}+\frac{dK}{d\gamma}\,\frac{m^2\theta^2-\gamma^2}{\Theta\left(z-\gamma+\theta\frac{d\theta}{d\gamma}\right)}=0,$$

ce qui se réduit à

$$\frac{\sqrt{m^2\theta^2-\gamma^2}}{z-\gamma+\theta\frac{d\theta}{d\gamma}}\left(1+\frac{dK}{d\gamma}\sqrt{m^2\theta^2-\gamma^2}\right)=0,$$

d'où

$$\frac{dK}{d\gamma}=-\frac{1}{\sqrt{m^2\theta^2-\gamma^2}},$$

$$K=-\int\frac{d\gamma}{\sqrt{m^2\theta^2-\gamma^2}}.$$

On a donc finalement

$$(8)\quad V=-\frac{1}{\sqrt{1-m^2}}\operatorname{arc\,tang}\frac{z\sqrt{a^2+b^2+1-m^2}}{\sqrt{1-m^2}R}+\frac{1}{\sqrt{1-m^2}}\operatorname{arc\,tang}\frac{m^2(z-\gamma)+\gamma}{\sqrt{1-m^2}\sqrt{m^2\theta^2-\gamma^2}}$$

$$-\int\frac{d\gamma}{\sqrt{m^2\theta^2-\gamma^2}}\pm\int\frac{bda-adb}{(a^2+b^2)\sqrt{a^2+b^2+1-m^2}}=0,$$

on y doit joindre

$$z=ax+by,\qquad b=Fa,$$
$$x^2+y^2+(z-\gamma)^2=\theta^2,\qquad \theta=f\gamma.$$

Remarque.— Notre détermination de K suppose qu'on ait $z-\gamma+\theta\frac{d\theta}{d\gamma}$, et $x+y\frac{db}{da}$ différents de zéro.

Si l'on avait $z-\gamma+\theta\frac{d\theta}{d\gamma}=0$, il s'ensuivrait, vu l'équation $x^2+y^2+(z-\gamma)^2=\theta^2$,

$$xdx+ydy+(z-\gamma)\,dz=0;$$

la sphère serait donc tangente à la surface en leurs points communs. La surface serait alors une surface de révolution, comme enveloppe de sphères ayant leurs

8

centres sur l'axe oz ; les plans des lignes de courbure planes passeraient par cet axe, on aurait donc $a = \infty$, $b = \infty$; c'est une circonstance étrangère à notre analyse.

Si l'on supposait

$$x + y\frac{db}{da} = 0,$$

on aurait

$$dz = adx + bdy\,;$$

les plans des lignes de courbure planes seraient tangents à la surface le long de ces lignes ; la surface serait une surface développable, par suite un cône ayant l'origine pour sommet.

46. L'équation (8), à cause de la valeur de R, peut s'écrire

$$(8)' \quad V = \mp \frac{1}{\sqrt{1-m^2}} \operatorname{arctg} \frac{z\sqrt{a^2+b^2+1-m^2}}{\sqrt{1-m^2}\,(bx-ay)} + \frac{1}{\sqrt{1-m^2}} \operatorname{arctg} \frac{m^2(z-\gamma)+\gamma}{\sqrt{1-m^2}\,\sqrt{m^2\theta^2-\gamma^2}}$$

$$- \int \frac{d\gamma}{\sqrt{m^2\theta^2-\gamma^2}} \pm \int \frac{bda-adb}{(a^2+b^2)\sqrt{a^2+b^2+1-m^2}} = 0.$$

En posant $z = r(x\cos\varphi + y\sin\varphi)$, et $r = f\varphi$, on aura encore

$$V = -\frac{1}{\sqrt{1-m^2}} \operatorname{arctg} \frac{z\sqrt{r^2+1-m^2}}{R\sqrt{1-m^2}} + \frac{1}{\sqrt{1-m^2}} \operatorname{arctg} \frac{m^2(z-\gamma)+\gamma}{\sqrt{1-m^2}\sqrt{m^2\theta^2-\gamma^2}} - \int \frac{d\gamma}{\sqrt{m^2\theta^2-\gamma^2}} \mp \int \frac{d\varphi}{\sqrt{r^2+1-m^2}} = 0$$

47. Nous avons supposé jusqu'ici qu'on ait $m^2 < 1$.

Si l'on a au contraire $m^2 > 1$, l'intégrale correspondante peut immédiatement se déduire de l'équation (8).

Comme on a

$$\int \frac{dx}{x^2+a^2} = \frac{1}{a} \operatorname{arctg} \frac{x}{a}, \text{ et } \int \frac{dx}{x^2 - A^2} = \frac{1}{2A}\, l\, \frac{x-A}{x+A} \text{ ou } \frac{1}{2A}\, l\, \frac{A-x}{A+x},$$

nous pouvons estimer que pour

$$a = Ai,$$

il vient

$$\frac{1}{a}\operatorname{arctg}\frac{x}{a}=\frac{1}{2A}\,l\,\frac{x-A}{x+A} \text{ ou } \frac{1}{2A}\,l\,\frac{A-x}{A+x}.$$

Si l'on fait donc

$$a=\sqrt{1-m^2}=\sqrt{m^2-1}\,i,\ A=\sqrt{m^2-1},$$

l'équation (8) se remplacera par

$$(8)' \quad V=-\frac{1}{2\sqrt{m^2-1}}\,l\,\frac{z\sqrt{a^2+b^2+1-m^2}-\sqrt{m^2-1}\,R}{z\sqrt{a^2+b^2+1-m^2}+\sqrt{m^2-1}\,R}+\frac{1}{2\sqrt{m^2-1}}$$

$$l\,\frac{m^2(z-\gamma)+\gamma-\sqrt{m^2-1}\,\sqrt{m^2\theta^2-\gamma^2}}{m^2(z-\gamma)+\gamma+\sqrt{m^2-1}\,\sqrt{m^2\theta^2-\gamma^2}}-\int\frac{d\gamma}{\sqrt{m^2\theta^2-\gamma^2}}\pm\int\frac{b\,da-a\,db}{(a^2+b^2)\sqrt{a^2+b^2+1-m^2}}=0,$$

supposé qu'on ait

$$z>0,\quad z^2(a^2+b^2+1-m^2)-(m^2-1)R^2=(a^2+b^2)\Theta>0,$$

et

$$m^2(z-\gamma)+\gamma>0,\ [m^2(z-\gamma)+\gamma]^2-(m^2-1)(m^2\theta^2-\gamma^2)=m^2\Theta>0,$$

ou bien

$$V=-\frac{1}{\sqrt{m^2-1}}\,l\,\frac{z\sqrt{a^2+b^2+1-m^2}-R\sqrt{m^2-1}}{\sqrt{a^2+b^2}\,\sqrt{\Theta}}+\frac{1}{\sqrt{m^2-1}}\,l\,\frac{m^2(z-\gamma)+\gamma-\sqrt{m^2-1}\,\sqrt{m^2\theta^2-\gamma^2}}{m\sqrt{\Theta}}$$

$$-\int\frac{d\gamma}{\sqrt{m^2\theta^2-\gamma^2}}\pm\int\frac{b\,da-a\,db}{(a^2+b^2)\sqrt{a^2+b^2+1-m^2}}=0,$$

$$V=\frac{1}{\sqrt{m^2-1}}\,l\,\frac{\sqrt{a^2+b^2}}{m}\,\frac{m^2(z-\gamma)+\gamma-\sqrt{m^2-1}\,\sqrt{m^2\theta^2-\gamma^2}}{z\sqrt{a^2+b^2+1-m^2}-R\sqrt{m^2-1}}$$

$$-\int\frac{d\gamma}{\sqrt{m^2\theta^2-\gamma^2}}\pm\int\frac{b\,da-a\,db}{(a^2+b^2)\sqrt{a^2+b^2+1-m^2}}=0,$$

par suite, dans tous les cas,

$$(9)\quad V=\frac{1}{\sqrt{m^2-1}}\,l\pm\frac{\sqrt{a^2+b^2}}{m}\,\frac{m^2(z-\gamma)+\gamma-\sqrt{m^2-1}\,\sqrt{m^2\theta^2-\gamma^2}}{z\sqrt{a^2+b^2+1-m^2}-R\sqrt{m^2-1}}$$

$$-\int\frac{d\gamma}{\sqrt{m^2\theta^2-\gamma^2}}\pm\int\frac{b\,da-a\,db}{(a^2+b^2)\sqrt{a^2+b^2+1-m^2}}=0,$$

ou

$$\pm \frac{\sqrt{a^2+b^2}}{m} \frac{m^2(z-\gamma)+\gamma-\sqrt{m^2-1}\sqrt{m^2\theta^2-\gamma^2}}{z\sqrt{a^2+b^2+1-m^2}-R\sqrt{m^2-1}} - e^{\sqrt{m^2-1}\int\frac{d\gamma}{\sqrt{m^2\theta^2-\gamma^2}} \mp \sqrt{m^2-1}\int\frac{bda-adb}{(a^2+b^2)\sqrt{a^2+b^2+1-m^2}}} = 0.$$

48. Le cas particulier de $m^2 = 1$ échappe à l'analyse précédente. Traitons-le directement. Les équations du problème sont alors

$$z = ax + by, \quad x^2 + y^2 + (z-\gamma)^2 = \theta^2, \quad (adx + bdy - dz)^2 = ds^2(a^2+b^2);$$

l'équation différentielle relative aux lignes sphériques est

$$\frac{z(ada+bdb)}{(a^2+b^2)^{\frac{3}{2}}R} - \frac{\sqrt{a^2+b^2}\,[\theta^2+\gamma(z-\gamma)]dz}{z^2 R} = \mp \frac{bda-adb}{(a^2+b^2)\sqrt{a^2+b^2}} - \frac{\sqrt{\theta^2-\gamma^2}}{z^2}dz,$$

elle a pour intégrale

$$V = \frac{R}{z\sqrt{a^2+b^2}} - \frac{\sqrt{\theta^2-\gamma^2}}{z} \pm \int \frac{bda-adb}{(a^2+b^2)\sqrt{a^2+b^2}} + K = 0.$$

Et, en déterminant K, on trouve

$$(10) \qquad V = \frac{R}{z\sqrt{a^2+b^2}} - \frac{\sqrt{\theta^2-\gamma^2}}{z} - \int \frac{d\gamma}{\sqrt{\theta^2-\gamma^2}} \pm \int \frac{bda-adb}{(a^2+b^2)\sqrt{a^2+b^2}} = 0.$$

C'est bien le résultat qui se déduit de l'équation (9), quand on y fait tendre m vers 1.

49. La surface étant déterminée par les équations

$$V = 0, \quad z = ax + by, \quad x^2 + y^2 + (z-\gamma)^2 = \theta^2, \quad b = Fa, \quad \theta = f\gamma,$$

les lignes de courbure planes auront pour équations générales

$$z = ax + by,$$

et l'équation résultant de l'élimination de θ et de γ entre

$$V = 0, \quad x^2 + y^2 + (z-\gamma)^2 = \theta^2, \quad \theta = f\gamma.$$

50. Équation différentielle des lignes de courbure planes. — Nous pouvons obtenir pour les lignes planes une équation différentielle entre z et γ, analogue à l'équation (6), soit en la déduisant de l'intégrale $V = 0$, soit par une recherche directe.

Concevons une équation qui avec $z = ax + by$ détermine les lignes planes, quand on y fait varier a; si l'on en élimine x et y au moyen de $z = ax + by$ et de $x^2 + y^2 + (z-\gamma)^2 = \theta^2$, on aura une équation entre z et γ qui reviendra à l'équation $V = 0$, eu égard à $\theta = f\gamma$.

L'équation différentielle voulue sera en conséquence

$$\frac{dV}{dz}\,dz + \frac{dV}{d\gamma}\,d\gamma = 0,$$

c'est-à-dire

$$(11)\qquad \left\{ -\frac{\sqrt{a^2+b^2+1-m^2}\,[\theta^2+\gamma(z-\gamma)]}{R} + \sqrt{m^2\theta^2-\gamma^2} \right\} \frac{dz}{\theta}$$
$$+ \left\{ \frac{z\sqrt{a^2+b^2+1-m^2}}{R} - \frac{m^2(z-\gamma)+\gamma}{\sqrt{m^2\theta^2-\gamma^2}} \right\} \frac{(z-\gamma)\,d\gamma+\theta\,d\theta}{\theta} = 0.$$

51. Pour en faire une recherche directe, considérons que les droites MT, MN, Mθ étant dans un même plan, la première perpendiculaire à la seconde, on a

$$\cos(\theta, T) = \pm \sin(\theta, N),$$

ou

$$x\,dx + y\,dy + (z-\gamma)\,dz = \sqrt{1 - \frac{\gamma^2}{m^2\theta^2}}\;\theta\,ds,$$

et comme

$$x\,dx + y\,dy + (z-\gamma)\,dz = (z-\gamma)\,d\gamma + \theta\,d\theta,$$

c'est

$$[(z-\gamma)\,d\gamma + \theta\,d\theta]^2 = \frac{m^2\theta^2-\gamma^2}{m^2}\,ds^2.$$

Or par les équations

$$a\,dx + b\,dy = dz,$$

$$x\,dx + y\,dy = \theta\,d\theta - (z-\gamma)(dz - d\gamma),$$

il vient

$$R^2 ds^2 = dz^2 [(a^2+b^2+1)\theta^2-\gamma^2] + (a^2+b^2)[(z-\gamma)\,d\gamma+\theta d\theta]^2$$
$$-2dz[(z-\gamma)\,d\gamma+\theta d\theta][(a^2+b^2+1)(z-\gamma)+\gamma],$$

par suite

$$\frac{(a^2+b^2+1-m^2)\gamma^2 R^2}{(m^2\theta^2-\gamma^2)[(a^2+b^2+1)\theta^2-\gamma^2]^2}[(z-\gamma)d\gamma+\theta d\theta]^2$$
$$=\left\{dz-\frac{(z-\gamma)\,d\gamma+\theta d\theta}{(a^2+b^2+1)\theta^2-\gamma^2}[(a^2+b^2+1)(z-\gamma)+\gamma]\right\}^2$$

ou

$$(12)\qquad dz-\frac{(a^2+b^2+1)(z-\gamma)+\gamma}{(a^2+b^2+1)\theta^2-\gamma^2}[(z-\gamma)\,d\gamma+\theta d\theta]$$
$$=\mp R\,\frac{\gamma\sqrt{a^2+b^2+1-m^2}}{\sqrt{m^2\theta^2-\gamma^2}\,[(a^2+b^2+1)\theta^2-\gamma^2]}[(z-\gamma)\,d\gamma+\theta d\theta].$$

Cette équation revient à la précédente, car on a

$$\frac{-\dfrac{\sqrt{a^2+b^2+1-m^2}[\theta^2+\gamma(z-\gamma)]}{R}+\sqrt{m^2\theta^2-\gamma^2}}{\dfrac{\sqrt{m^2\theta^2-\gamma^2}[(a^2+b^2+1)\theta^2-\gamma^2]}{\gamma\sqrt{a^2+b^2+1-m^2}}}=\frac{\dfrac{-z\sqrt{a^2+b^2+1-m^2}}{R}+\dfrac{m^2(z-\gamma)+\gamma}{\sqrt{m^2\theta^2-\gamma^2}}}{-R+\dfrac{(a^2+b^2+1)(z-\gamma)+\gamma}{\sqrt{a^2+b^2+1-m^2}}\sqrt{m^2\theta^2-\gamma^2}},$$

ou

$$\sqrt{a^2+b^2+1-m^2}[\theta^2+\gamma(z-\gamma)]-R\sqrt{m^2\theta^2-\gamma^2}$$
$$+\frac{\sqrt{m^2\theta^2-\gamma^2}}{\gamma R}\{z[(a^2+b^2+1)\theta^2-\gamma^2]-[(a^2+b^2+1)(z-\gamma)+\gamma][\theta^2+\gamma(z-\gamma)]\}$$
$$+\frac{1}{\gamma\sqrt{a^2+b^2+1-m^2}}\{[(a^2+b^2+1)(z-\gamma+\gamma](m^2\theta-\gamma^2)-[(a^2+b^2+1)\theta^2-\gamma^2][m^2(z-\gamma)+\gamma]\}=0,$$

ou

$$\sqrt{a^2+b^2+1-m^2}[\theta^2+\gamma(z-\gamma)]-R\sqrt{m^2\theta^2-\gamma^2}+R\sqrt{m^2\theta^2-\gamma^2}-\sqrt{a^2+b^2+1-m^2}[\theta^2+\gamma(z-\gamma)]=0.$$

52. Des surfaces parallèles à celle que nous venons de considérer. — Changeons dans les équations (1) et (2) z en $z-z_1$ et γ en $\gamma-z_1$ pour que l'origine ne soit plus particulière sur la droite des centres des sphères, z_1 devenant

le z du point commun aux plans des lignes planes ; nous au...

(1)
$$z - z_1 = ax + by,$$
$$ap + bq + 1 = -m\sqrt{1+p^2+q^2},$$

(2) $$x^2 + y^2 + (z-\gamma)^2 = \theta^2,$$
$$-px - qy + z - \gamma = \frac{\gamma - z_1}{m}\sqrt{1+p^2+q^2}, \quad R = \sqrt{(a^2+b^2)[\theta^2-(z-\gamma)^2] - (z-z_1)^2},$$

(13) $$V = -\frac{1}{\sqrt{1-m^2}}\operatorname{arctg}\frac{(z-z_1)\sqrt{a^2+b^2+1-m^2}}{R\sqrt{1-m^2}} + \frac{1}{\sqrt{1-m^2}}\operatorname{arctg}\frac{m^2(z-\gamma)+\gamma-z_1}{\sqrt{1-m^2}\sqrt{m^2\theta^2-(\gamma-z_1)^2}}$$
$$-\int\frac{d\gamma}{\sqrt{m^2\theta^2-(\gamma-z_1)^2}} \pm \int\frac{bda - adb}{(a^2+b^2)\sqrt{a^2+b^2+1-m^2}} = 0.$$

Pour une surface parallèle

$$\frac{x'-x}{N} = \frac{-p}{\sqrt{1+p^2+q^2}}, \quad \frac{y'-y}{N} = \frac{-q}{\sqrt{1+p^2+q^2}}, \quad \frac{z'-z}{N} = \frac{1}{\sqrt{1+p^2+q^2}};$$

par suite

$$z' - (z_1 - Nm) = ax' + by', \quad x'^2 + y'^2 + (z'-\gamma)^2 = N^2 + \theta^2 + 2N\frac{\gamma - z_1}{m} = \theta'^2,$$

$$ap + bq + 1 = -m\sqrt{1+p^2+q^2}, \quad -px' - qy' + z' - \gamma = \frac{\gamma - (z_1 - Nm)}{m}\sqrt{1+p^2+q^2}.$$

(14) $$V' = -\frac{1}{\sqrt{1-m^2}}\operatorname{arctg}\frac{(z'-z_1+Nm)\sqrt{a^2+b^2+1-m^2}}{R'\sqrt{1-m^2}}$$
$$+\frac{1}{\sqrt{1-m^2}}\operatorname{arctg}\frac{m^2(z'-\gamma)+\gamma-(z_1-Nm)}{\sqrt{1-m^2}\sqrt{m^2\theta'^2-[\gamma-(z_1-Nm)]^2}} - \int\frac{d\gamma}{\sqrt{m^2\theta'^2-(\gamma-z_1+Nm)^2}}$$
$$\pm\int\frac{bda - adb}{(a^2+b^2)\sqrt{a^2+b^2+1-m^2}} = 0.$$

$$b = Fa, \quad \theta = f\gamma, \quad \theta'^2 = \theta^2 + N^2 + 2N\frac{\gamma - z_1}{m},$$

$$R' = \sqrt{(a^2+b^2)[\theta'^2-(z'-\gamma)^2] - [z'-(z_1-Nm)]^2}.$$

Remarque. — Si dans les équations (1) et (2) qui viennent de nous occuper, on fait tendre γ et m vers zéro, le rapport $\frac{\gamma}{m}$ tendant vers λ, les équations deviendront celles du premier cas, § 33, l'expression (8) de V devient par là

$$V = -\operatorname{arctg}\frac{z\sqrt{a^2+b^2+1}}{R} + \operatorname{arctg}\frac{\lambda}{\sqrt{\theta^2-\lambda^2}} - \int\frac{d\lambda}{\sqrt{\theta^2-\lambda^2}} \pm \int\frac{bda-adb}{(a^2+b^2)\sqrt{a^2+b^2+1}} = 0;$$

c'est l'équation déjà obtenue, $\sqrt{\theta^2 - \lambda^2}$ étant susceptible d'avoir le double signe.

53. Au § 39, nous avons eu à distinguer, outre le cas qui vient de nous occuper, deux circonstances particulières, celle où λ est une constante, et celle où $l = 0$.

1 : soit $\lambda = m$, $c = 0$; pour $l = -1$, nous aurons

$$(15)\quad \left\{ (1)\quad \begin{aligned} &ax+by=m, \\ &ap+bq=\sqrt{1+p^2+q^2}, \end{aligned} \right. \qquad (2)\quad \begin{aligned} &x^2+y^2+(z-\gamma)^2=\theta^2, \\ &-px-qy+z-\gamma=-m\sqrt{1+p^2+q^2}. \end{aligned}$$

Les deux équations différentielles expriment que l'on a

$$\cos(\text{MN, MP}) = \frac{1}{\sqrt{a^2+b^2}}, \quad \theta\cos(\text{N}, \theta) = -m.$$

Nous pouvons déduire les équations que nous avons ici de celles qui se rapportent au cas général, et en conclure l'intégrale qui les concerne.

Faisons en effet dans les équations du § 39

$$a = a'k, \quad b = b'k, \quad m = -k, \quad z = z' + m'k, \quad \gamma = \gamma' + m'k;$$

elles deviendront

$$(1)\quad \begin{aligned} &a'x+b'y=\frac{z'}{k}+m', \\ &a'p+b'q+\frac{1}{k}=\sqrt{1+p^2+q^2}, \end{aligned} \qquad (2)\quad \begin{aligned} &x^2+y^2+(z'-\gamma')^2=\theta^2, \\ &-px-qy+z'-\gamma'=\left(\frac{\gamma'}{k}-m'\right)\sqrt{1+p^2+q^2}, \end{aligned}$$

et de là, pour $k = \infty$,

$$a'x + b'y = m', \qquad x^2 + y^2 + (z' - \gamma')^2 = \theta^2,$$
$$a'p + b'q = \sqrt{1 + p^2 + q^2}, \qquad -px - qy + z' - \gamma' = -m'\sqrt{1 + p^2 + q^2};$$

ce sont là nos équations actuelles.

L'équation différentielle du cas général, relative aux lignes sphériques, devenant par la même transformation

$$\frac{z' + m'k}{R'\sqrt{k^2(a'^2 + b'^2) - 1}}\,\frac{a'da' + b'db'}{a'^2 + b'^2} + \frac{\sqrt{k^2(a'^2 + b'^2 - 1) + 1}\,[\theta^2 + (\gamma' + m'k)(z' - \gamma')]\,dz'}{R'\Theta'}$$
$$= \mp \frac{b'da' - a'db'}{(a'^2 + b'^2)\sqrt{k^2(a'^2 + b'^2 - 1) - 1}} + \frac{\sqrt{k^2\theta^2 - (\gamma' + m'k)^2}}{\Theta'}\,dz',$$

R' désignant $\sqrt{k^2(a'^2 + b'^2)[\theta^2 - (z' - \gamma')^2] - (z' + m'k)^2}$
et Θ' l'expression $(k^2 - 1)[\theta^2 - (z' - \gamma')^2] - (z' + m'k)^2$,

donne

$$(16)\quad \frac{m(ada + bdb)}{(a^2 + b^2)\sqrt{a^2 + b^2 - 1}\,R} + \frac{\sqrt{a^2 + b^2 - 1}\,(z - \gamma)m\,dz}{\Theta R} = \mp \frac{bda - adb}{(a^2 + b^2)\sqrt{a^2 + b^2 - 1}} + \frac{\sqrt{\theta^2 - m^2}\,dz}{\Theta}$$

en posant

$$R = \sqrt{(a^2 + b^2)[\theta^2 - (z - \gamma)^2] - m^2}, \qquad \Theta = \theta^2 - (z - \gamma)^2 - m^2,$$

pour l'équation différentielle des lignes sphériques ;

et l'intégrale (9) du § 47, se changeant d'abord en

$$V = l \pm \frac{\sqrt{k^2(a'^2 + b'^2)}}{-k}\,\frac{k^2(z' - \gamma') + \gamma' + m'k - \sqrt{k^2 - 1}\sqrt{k^2\theta^2 - (\gamma' + m'k)^2}}{(z' + m'k)\sqrt{k^2(a'^2 + b'^2) + 1 - k^2} - \sqrt{k^2 - 1}\sqrt{k^2(a'^2 + b'^2)[\theta^2 - (z' - \gamma')^2] - (z' + m'k)^2}}$$
$$- \int \frac{d\gamma'.\sqrt{k^2 - 1}}{\sqrt{k^2\theta^2 - (\gamma' + m'k)^2}} \pm \int \frac{(b'da' - a'db')\sqrt{k^2 - 1}}{(a'^2 + b'^2)\sqrt{k'^2(a'^2 + b'^2) + 1 - k^2}} = 0,$$

il en résulte

$$(17)\quad V = l \pm \frac{\sqrt{a^2 + b^2}\left(z - \gamma - \sqrt{\theta^2 - m^2}\right)}{m\sqrt{a^2 + b^2 - 1} - R} - \int \frac{d\gamma}{\sqrt{\theta^2 - m^2}} \pm \int \frac{bda - adb}{(a^2 + b^2)\sqrt{a^2 + b^2 - 1}} = 0,$$

comme intégrale de l'équation (16).

On aura à y joindre

$$ax + by = m,\ x^2 + y^2 + (z - \gamma)^2 = \theta^2, \quad b = Fa, \quad \theta = f\gamma, \quad R = \sqrt{(a^2 + b^2)[\theta^2 - (z-\gamma)^2] - m^2} = \pm (bx - ay).$$

L'équation différentielle des lignes planes sera

soit

$$\frac{\sqrt{\theta^2 - m^2}[(a^2+b^2)\theta^2 - m^2]}{m\sqrt{a^2+b^2-1}}\left\{dz - \frac{(a^2+b^2)(z-\gamma)}{(a^2+b^2)\theta^2 - m^2}[(z-\gamma)d\gamma + \theta d\theta]\right\} =$$

$$\mp R[(z-\gamma)d\gamma + \theta d\theta],$$

soit

$$\left\{-\frac{\sqrt{a^2+b^2-1}\,m(z-\gamma)}{R} + \sqrt{\theta^2 - m^2}\right\}\frac{dz}{m^2 - [\theta^2 - (z-\gamma)^2]}$$

$$+\left\{\frac{m\sqrt{a^2+b^2-1}}{R} - \frac{z-\gamma}{\sqrt{\theta^2 - m^2}}\right\}\frac{(z-\gamma)d\gamma + \theta d\theta}{m^2 - [\theta^2 - (z-\gamma)^2]} = 0.$$

54. Quand on prend $m = 0$, il vient

$$V = l\sqrt{\frac{\theta - (z-\gamma)}{\theta + z - \gamma}} - \int \frac{d\gamma}{\theta} \pm \int \frac{bda - adb}{(a^2+b^2)\sqrt{a^2+b^2-1}} = 0,$$

ou

$$(18) \qquad \frac{\theta - (z-\gamma)}{\theta + z - \gamma} = e^{2\int \frac{d\gamma}{\theta} \mp 2\int \frac{bda - adb}{(a^2+b^2)\sqrt{a^2+b^2-1}}}$$

Si l'on fait alors

$$\frac{a}{b} = -A,\ \frac{1}{b} = l, \text{ d'où } \frac{bda - adb}{b^2} = -dA$$

il vient

$$V = l\sqrt{\frac{\theta - (z-\gamma)}{\theta + z - \gamma}} - \int \frac{d\gamma}{\theta} \mp \int \frac{ldA}{(A^2+1)\sqrt{A^2+1-l^2}} = 0,$$

ou

$$(19) \qquad \frac{\theta - (z-\gamma)}{\theta + z - \gamma} = e^{2\int \frac{d\gamma}{\theta} \pm 2\int \frac{ldA}{(A^2+1)\sqrt{A^2+1-l^2}}}$$

pour

$$y = Ax \qquad x^2 + y^2 + (z-\gamma)^2 = \theta^2,$$

$$-Ap + q = l\sqrt{1 + p^2 + q^2}, \qquad -px - qy + z - \gamma = 0.$$

$$l = FA, \qquad \theta = f\gamma.$$

On peut considérer

$$e^{\pm 2\int \frac{dA}{(A^2+1)\sqrt{A^2+1-l^2}}}$$

comme constituant une fonction arbitraire de A, ψ A ; il s'ensuivra

$$\frac{\theta-(z-\gamma)}{\theta+z-\gamma}=e^{2\int\frac{d\gamma}{\theta}}\psi A,$$

$$(20)\qquad y=Ax,\qquad x^2+y^2+(z-\gamma)^2=\theta^2,\qquad \theta=f\gamma,$$

ou

$$\frac{\theta-(z-\gamma)}{\theta+z-\gamma}=e^{2\int\frac{d\gamma}{\theta}}\psi\left(\frac{y}{x}\right),\qquad x^2+y^2+(z-\gamma)^2=\theta^2,\qquad \theta=f\gamma.$$

55. Les équations (15), quand on passe à une surface parallèle, deviennent

$$ax'+by'=m-N \qquad x'^2+y'^2+(z'-\gamma)^2=\theta^2+N^2-2Nm=\theta'^2$$

$$ap+bq=\sqrt{1+p^2+q^2} \qquad -px'-qy'+z'-\gamma=\pm(m-N)\sqrt{1+p^2+q^2}.$$

Dans les équations intégrales, il y a donc à remplacer m par $m-N$, et θ^2 par $\theta'^2=\theta^2+N^2-2Nm$.

En disposant de N, on peut avoir $m-N=0$. Les surfaces qu'on obtient, quand m varie, sont donc des surfaces parallèles à celle que déterminent les équations (18) ou (20), surface caractérisée par le fait d'être un lieu de lignes de courbure sphériques appartenant à des sphères qui ont leurs centres sur une droite, et sont orthogonales à la surface.

56. Il est aisé de reconnaître géométriquement que, si les lignes de courbure d'une surface sont situées sur des sphères normales à la surface ayant leurs centres sur une droite D, les autres lignes de courbure sont des lignes situées dans des plans passant par cette droite.

Considérons, en effet, une des lignes sphériques et le cône dont cette ligne est une directrice et le centre celui de la sphère qui la contient. Le cône sera tangent à la surface, ses génératrices seront des tangentes aux lignes de courbure du second système à leurs points de rencontre avec la ligne sphérique.

Les tangentes à une ligne du second système aux différents points de cette ligne rencontrent donc la droite D ; cette ligne est donc dans un plan passant par D.

La surface dont il s'agit est encore, d'après cela, une enveloppe de cônes ayant leurs sommets sur la droite D, tels que les caractéristiques sont des courbes orthogonales à leurs génératrices, ou situées sur des sphères ayant les mêmes centres que les cônes. Ces caractéristiques forment un système de lignes de courbure, et les autres sont les enveloppes des génératrices situées pour chacune dans un même plan passant par D.

57. L'équation

$$\frac{\theta-(z-\gamma)}{\theta+z-\gamma}=e^{2\int\frac{d\gamma}{\theta}}\psi\left(\frac{y}{x}\right),$$

sous la forme

$$(21)\qquad \frac{\sqrt{x^2+y^2+(z-\gamma)^2}-(z-\gamma)}{\sqrt{x^2+y^2+(z-\gamma)^2}+z-\gamma}=e^{2\int\frac{d\gamma}{\theta}}\psi\left(\frac{y}{x}\right)$$

est bien celle d'un cône ; en prenant la dérivée par rapport à γ, on trouve, eu égard à l'équation du cône,

$$x^2+y^2+(z-\gamma)^2=f\gamma,$$

de sorte que les intersections successives sont des lignes sphériques.

Cette équation (21) est donc l'équation générale des cônes dont l'enveloppe est une surface ayant les intersections successives de ces cônes pour lignes sphériques, tandis que les lignes de l'autre système sont les sections de la surface par les plans menés suivant la droite qui est le lieu des sommets. Puis les surfaces parallèles à cette surface ont leurs lignes de courbure, les unes planes, les autres sphériques sur des sphères dont les centres appartiennent à une même droite parallèle aux plans des premières.

58. Du cas où $l=0$, par suite $c=0$, $u=0$.

Les équations sont

$$(1)\quad \begin{array}{l} ax+by=0\\ ap+bq=0,\end{array}\qquad (2)\quad \begin{array}{l} x^2+y^2+(z-\gamma)^2=\theta^2\\ -px-qy+z-\gamma=\lambda\sqrt{1+p^2+q^2}.\end{array}$$

Les premières donnent

$$yp - xq = 0, \quad \text{d'où} \quad x^2 + y^2 = \varphi z;$$

la surface est ainsi de révolution autour de l'axe des z. Les parallèles en sont des lignes de courbure sphériques, mais ne sont plus sur des sphères déterminées. Aussi les variables θ et λ se présentent-elles dans les équations (2) comme des fonctions arbitraires de γ.

3° Cas.

CELUI OU LES PLANS DES LIGNES DE COURBURE PLANES SONT PARALLÈLES.

59. Soit l'axe des z perpendiculaire aux plans des lignes de courbure du 1er système nous aurons

$$(1)\ \begin{cases} -cz = u \\ -c = l\sqrt{1+p^2+q^2} \end{cases} \qquad (2)\ \begin{cases} (x-\alpha)^2 + (y-\beta)^2 + (z-\gamma)^2 = \theta^2, \\ -(x-\alpha)p - (y-\beta)q + z - \gamma = \lambda\sqrt{1+p^2+q^2}. \end{cases}$$

$$(3) \qquad c\gamma + u = l\lambda.$$

ou en faisant $c = -1$,

$$(1)\ \begin{cases} z = u, \\ 1 = l\sqrt{1+p^2+q^2}, \end{cases} \qquad (2)\ \begin{cases} (x-\alpha)^2 + (y-\beta)^2 + (z-\gamma)^2 = \theta^2, \\ -(x-\alpha)p - (y-\beta)q + z - \gamma = \lambda\sqrt{1+p^2+q^2}, \end{cases}$$

$$(3) \qquad -\gamma + u = l\lambda.$$

On tire de cette dernière

$$-\gamma' = l\lambda'$$

d'où, soit

$$l = -m, \qquad \gamma = m\lambda + m_1, \qquad u = m_1,$$

de là un plan seulement, circonstance à écarter,

$$\text{soit} \quad \lambda' = 0,$$

ce qui amène

$$\lambda = m, \qquad \gamma = 0, \qquad u = ml,$$

en disposant de l'origine,

et ainsi les équations

$$(1)\quad \begin{cases} z = ml, \\ 1 = l\sqrt{1+p^2+q^2}, \end{cases} \qquad (2)\quad \begin{cases} (x-\alpha)^2 + (y-\beta)^2 + z^2 = \theta^2, \\ -(x-\alpha)p - (y-\beta)q + z = m\sqrt{1+p^2+q^2}. \end{cases}$$

60. Les équations (1) sont ici un cas particulier de celles du § II, ch. I. La surface est donc le lieu d'une ligne plane dont le plan roule sur un cylindre. Les lignes décrites par les points de cette ligne sont les lignes de courbure du premier système. Celles du second étant les positions mêmes de la ligne mobile, il faut que la ligne soit ici un cercle, pour qu'elles soient sphériques. La surface est donc le lieu d'un cercle dont le plan roule sur un cylindre, c'est en conséquence une surface canal, enveloppe d'une sphère d'un rayon fixe, quand le centre parcourt une ligne plane quelconque.

Dans les équations (2), θ et β se présentent comme des fonctions arbitraires de α, tandis que l'intégration des équations (3) ne peut donner lieu qu'à une seule fonction arbitraire. Nous pouvons en conséquence disposer de θ. Prenons-le égal à une constante m. Nous aurons d'une part l'équation différentielle

$$1 = \frac{z}{m}\sqrt{1+p^2+q^2},$$

de l'autre

$$-(x-\alpha)p - (y-\beta)q + z = m\sqrt{1+p^2+q^2}.$$

L'une et l'autre, elles accusent une surface canal dont la sphère génératrice est d'un rayon égal à m, et a son centre sur la ligne déterminée dans le plan xy par la relation établie entre α et β,

$$\beta = f\alpha.$$

Considérons en effet cette surface : l'équation de la sphère mobile étant

$$(x-\alpha)^2 + (y-\beta)^2 + z^2 = m^2,$$

comme la normale à la surface passe au centre de la sphère, on a

$$\frac{x-\alpha}{p} = \frac{y-\beta}{q} = \frac{z}{1} = \frac{m}{\sqrt{1+p^2+q^2}} = \frac{-p(x-\alpha) - q(y-\beta) + z}{p^2+q^2+1},$$

c'est-à-dire

$$1 = \frac{z}{m}\sqrt{1+p^2+q^2},$$

et

$$-p(x-\alpha)-q(y-\beta)+z=m\sqrt{1+p^2+q^2}.$$

Cherchons directement, d'après les équations (1) et (2), ce que sont les lignes de courbure des deux systèmes.

61. Lignes du premier. — Nous avons à leur égard

$$dz=0,$$

ou

$$pdx+qdy=0,$$

$$p(x-\alpha)+q(y-\beta)-z+\frac{m^2}{z}=0,$$

d'où

$$p=-\frac{\left(z-\frac{m^2}{z}\right)dy}{(y-\beta)dx-(x-\alpha)dy},\quad q=-\frac{\left(z-\frac{m^2}{z}\right)dx}{(y-\beta)dx-(x-\alpha)dy},$$

et en substituant dans

$$1=\frac{z}{m}\sqrt{1+p^2+q^2},$$

$$\frac{m^2}{z^2}-1=\frac{\left(z-\frac{m^2}{z}\right)^2(dx^2+dy^2)}{[(y-\beta)dx-(x-\alpha)dy]^2},$$

ou

$$[(y-\beta)^2+z^2-m^2]dx^2+[(x-\alpha)^2+z^2-m^2]dy^2-2(x-\alpha)(y-\beta)dxdy=0,$$

c'est-à-dire

$$(x-\alpha)dx+(y-\beta)dy=0,$$

et comme l'on a

$$(x-\alpha)(dx-d\alpha)+(y-\beta)(dy-d\beta)=0,$$

il s'y joint

$$(x-\alpha)d\alpha+(y-\beta)d\beta=0,$$

équations qui indiquent que la projection sur le plan xy de toute ligne du premier système a le point (xy) sur la normale au lieu du centre de la sphère menée par le point correspondant $(\alpha,\ \beta)$, et que la tangente à cette projection en le point (xy) est perpendiculaire à la normale. La projection est donc une développante de la développée du lieu des centres.

Lignes de courbure du second système. — D'après les équations

$$(x-\alpha)^2+(y-\beta)^2+z^2=m^2,$$
$$-(x-\alpha)p-(y-\beta)q+z=m\sqrt{1+p^2+q^2},$$

la sphère que représente la première est tangente à la surface, celle-ci est en conséquence l'enveloppe de la sphère quand le centre parcourt la ligne (α, β). Les intersections successives sont les positions du grand cercle normal à la directrice du centre; ce sont les lignes de courbure sphériques.

4e Cas.

62. Ce cas est celui où l'on a

$$Aa+Bb+Cc=0,$$
$$A_1\alpha+B_1\beta+C_1\gamma+D_1=0,$$

sauf à y distinguer à part les circonstances particulières de $l=0$ et de $\lambda=m$.

Nous avons là

$$Aa+Bb+Cc=0,$$
$$Aa'+Bb'+Cc'=0,$$

d'où

$$\frac{A}{bc'-cb'}=\frac{B}{ca'-ac'}=\frac{C}{ab'-ba'};$$

de même

$$A_1\alpha'+B_1\beta'+C_1\gamma'=0,$$
$$A_1\alpha''+B_1\beta''+C_1\gamma''=0,$$

d'où

$$\frac{A_1}{\beta'\gamma''-\gamma'\beta''}=\frac{B_1}{\gamma'\alpha''-\alpha'\gamma''}=\frac{C_1}{\alpha'\beta''-\beta'\alpha''},$$

Mais nous avons § 31,

$$(al'-la')\alpha'+(bl'-b'l)\beta'+(cl'-c'l)\gamma'=0,$$
$$(al'-la')\alpha''+(bl'-b'l)\beta''+(cl'-c'l)\gamma''=0,$$

d'où

$$\frac{al'-la'}{\beta'\gamma''-\gamma'\beta''}=\frac{bl'-b'l}{\gamma'\alpha''-\alpha'\gamma''}=\frac{cl'-c'l}{\alpha'\beta''-\beta'\alpha''},$$

il s'ensuit

$$\frac{al'-la'}{A_1}=\frac{bl'-b'l}{B_1}=\frac{cl'-c'l}{C_1}=\frac{l(ab'-ba')}{A_1b-B_1a}=\frac{l(bc'-cb')}{B_1c-C_1b}=\frac{l(ca'-ac')}{C_1a-A_1c},$$

par conséquent

$$\frac{C}{A_1b-B_1a}=\frac{A}{B_1c-C_1b}=\frac{B}{C_1a-A_1c}=\frac{AA_1+BB_1+CC_1}{0},$$

donc

$$AA_1+BB_1+CC_1=0,$$

c'est-à-dire que le plan sur lequel sont les centres des sphères est parallèle à la droite à laquelle sont parallèles les plans des lignes de la première série.

Nous pouvons en conséquence prendre pour plan des xz celui des centres des sphères, et pour axe des z une parallèle aux plans des lignes du premier système.

De la sorte, il vient

$$c=0,\qquad \beta=0,$$

$$(1)\quad \begin{cases} -ax-by=u, \\ ap+bq=l\sqrt{1+p^2+q^2}, \end{cases}\qquad (2)\quad \begin{cases} (x-\alpha)^2+y^2+(z-\gamma)^2=\theta^2, \\ -(x-\alpha)p-yq+z-\gamma=\lambda\sqrt{1+p^2+q^2}, \end{cases}$$

$$(3)\qquad a\alpha+u=l\lambda.$$

De l'équation (3) on tire

$$a\alpha'=l\lambda',$$
$$a=l\frac{\lambda'}{\alpha'},$$

α' étant différent de zéro, à moins de rentrer dans le second cas.

De là

Soit $\quad l=0,\quad a=0,\quad u=0,$

Soit $\quad \lambda'=0,\quad \lambda=m,\quad a=0,\quad u=ml,$

Soit $\quad \frac{\lambda'}{\alpha'}=m,\quad \lambda=m\alpha+m_1,$

ou en disposant de l'origine, m supposé $\gtrless o$, $\lambda = m\,\alpha$,

$$a = ml,$$
$$u = 0.$$

La première hypothèse donnant

$$by = 0,$$

ne peut concerner qu'un plan, elle est donc à rejeter.

63. Occupons-nous d'abord de la troisième hypothèse. En posant $l = 1$, les équations sont alors

$$(1)\quad \begin{array}{l} mx + by = 0, \\ mp + bq = \sqrt{1 + p^2 + q^2} \end{array} \qquad (2)\quad \begin{array}{l} (x-\alpha)^2 + y^2 + (z-\gamma)^2 = \theta^2, \\ -(x-\alpha)p - yq + z - \gamma) = m\alpha\sqrt{1+p^2+q^2}. \end{array}$$

Les plans des premières lignes passent donc par l'axe des z, c'est-à-dire par une droite située dans le plan des centres des sphères.

Dans les équations (2), α, γ, θ restent indéterminées. On peut établir entre ces quantités une première relation arbitraire, sans que la surface en dépende. Si l'on prend $\theta = m\alpha$, la seconde équation (2) donnant $\cos(N, \theta) = 1$, toute sphère donnée par la première équation (2) est tangente à la surface, qui est par conséquent une enveloppe de sphères. Les intersections successives sont des cercles qui forment une série de lignes de courbure sphériques, mais non situées sur des sphères déterminées. Une relation quelconque pouvant d'ailleurs s'établir entre α et γ, on voit que la surface est l'enveloppe d'une sphère dont le centre décrit une ligne qui peut être prise à volonté, dans le plan xz, tandis que le rayon en est proportionnel à la distance du centre à une droite fixe du plan, qui est notre axe des z.

Il nous est aisé de voir que dans une surface ainsi définie, les lignes de courbure autres que les caractéristiques sont dans des plans passant par la droite fixe.

L'équation de la sphère mobile étant en effet

$$(x-\alpha)^2 + y^2 + (z-\gamma)^2 = m^2\alpha^2,$$

on a pour la caractéristique

$$(x-\alpha)\,d\alpha + (z-\gamma)\,d\gamma + m^2\alpha\,d\alpha = 0.$$

Les tangentes aux lignes de courbure du premier système le long de cette ligne seront les génératrices d'un cône de révolution ayant son sommet sur le plan xz; si X, Z sont les coordonnées de ce sommet, on aura pour équation du plan du cercle

$$(x-\alpha)(X-\alpha)+(z-\gamma)(Z-\gamma)=m^2\alpha^2.$$

Il vient en conséquence

$$\frac{X-\alpha}{d\alpha}=\frac{Z-\gamma}{d\gamma}=\frac{-\alpha}{d\alpha};$$

d'où

$$X=0.$$

Les tangentes aux lignes du premier système coupent donc toutes l'axe des z; ces lignes sont donc dans des plans passant par cet axe.

Inversement (voir, page 263, la théorie nouvelle des lignes à double courbure par M. Paul Serret), si dans une surface les lignes de courbure d'une série sont planes, et les autres circulaires, les plans des premières concourent suivant une droite, et les secondes sont les intersections successives d'une sphère dont le centre se meut dans un plan passant par la droite, et dont le rayon est proportionnel à la distance de ce centre à la droite.

Soit donnée la relation $F(\alpha, \gamma)=0$; l'équation de la surface s'obtiendra par l'élimination de α et de γ entre cette équation et les équations

$$(x-\alpha)^2+y^2+(z-\gamma)^2=m^2\alpha^2,$$
$$(x-\alpha)\,d\alpha+(z-\gamma)\,d\gamma+m^2\alpha\,d\alpha=0.$$

64. Nous pouvons, au lieu de considérer les sphères inscrites à la surface le long des lignes circulaires, supposer ces lignes sur des sphères qui aient leurs centres sur l'axe des z. Les équations sont alors

$$mx+by=0, \qquad x^2+y^2+(z-\gamma)^2=\theta^2,$$
$$mp+bq=\sqrt{1+p^2+q^2}, \qquad -px-qy+z-\gamma=0.$$

Nous avons bien là des sphères orthogonales à la surface, comme l'indiquent les considérations qui précèdent.

Ces équations, d'après le § 54, donnent l'intégrale

$$V=\frac{\theta-(z-\gamma)}{\theta+z-\gamma}-e^{2\int\frac{d\gamma}{\theta}\pm 2\int\frac{m\,db}{(m^2+b^2)\sqrt{m^2+b^2-1}}}=0,$$

y compris les relations

$$mx + by = 0, \quad x^2 + y^2 + (z - \gamma)^2 = \theta^2, \quad \theta = f\gamma.$$

On déduit de là, au lieu de $V = 0$, quand on prend le signe supérieur

$$\frac{\theta - (z-\gamma)}{\theta + z - \gamma} \frac{m^2 + b^2 - m - b\sqrt{m^2 + b^2 - 1}}{m^2 + b^2 + m - b\sqrt{m^2 + b^2 - 1}} = e^{2\int\frac{d\gamma}{\theta}},$$

$$\left[(m^2 + b^2 - m)\,[\theta - (z - \gamma)]e^{-\int\frac{d\gamma}{\theta}} - (m^2 + b^2 + m)\,[\theta + z - \gamma]e^{\int\frac{d\gamma}{\theta}}\right]^2 = b^2(m^2 + b^2 - 1)$$
$$\left\{[\theta - (z - \gamma)]\,e^{-\int\frac{d\gamma}{\theta}} - (\theta + z - \gamma)\,e^{\int\frac{d\gamma}{\theta}}\right\}^2,$$

$$(m - 1)[\theta - (z - \gamma)]\,e^{-\int\frac{d\gamma}{\theta}} - (m + 1)(\theta + z - \gamma)\,e^{\int\frac{d\gamma}{\theta}} = \mp\frac{2b}{\sqrt{m^2 + b^2}}\sqrt{\theta^2 - (z - \gamma)^2} = \mp 2x.$$

Quand on prend le signe inférieur, on trouve

$$(m + 1)\,[\theta - (z - \gamma)]\,e^{-\int\frac{d\gamma}{\theta}} - (m - 1)\,\theta + (z - \gamma)\,e^{\int\frac{d\gamma}{\theta}} = \pm 2x,$$

m se changeant en $-m$.

L'une ou l'autre de ces équations, avec $(x^2 + y^2 + (z - \gamma)^2 = \theta^2$, détermine une ligne de courbure sphérique. Cette ligne est donc plane, par suite un cercle, résultat qui s'accorde avec ce qui précède.

65. Du cas où l'on a

$$\lambda = m, \quad a = 0, \quad u = ml.$$

Qu'on prenne alors $l = -1$, il vient

$$(1)\quad \begin{aligned} by &= m \\ bq &= -\sqrt{1 + p^2 + q^2}, \end{aligned} \qquad (2)\quad \begin{aligned} &(x - \alpha)^2 + y^2 + (z - \gamma)^2 = \theta^2, \\ &-p\,(x - \alpha) - qy + z - \gamma = m\sqrt{1 + p^2 + q^2}. \end{aligned}$$

Nous avons là α et θ comme fonctions arbitraires de γ. Disposons de α, en le faisant égal à zéro ; les équations seront

$$\begin{aligned} by &= m, \\ bq &= -\sqrt{1 + p^2 + q^2}, \end{aligned} \qquad \begin{aligned} &x^2 + y^2 + (z - \gamma)^2 = \theta^2, \\ &-px - qy + z - \gamma = m\sqrt{1 + p^2 + q^2}; \end{aligned}$$

elles rentrent dans celles du § 53, quand on y fait $a = 0$.

En conséquence,

$$V = l \pm \frac{b(z-\gamma-\sqrt{\theta^2-m^2})}{m\sqrt{b^2-1-\sqrt{b^2[\theta^2-(z-\gamma)^2]-m^2}}} - \int \frac{d\gamma}{\sqrt{\theta^2-m^2}} = 0,$$

$$by = m, \qquad x^2+y^2+(z-\gamma)^2 = \theta^2, \qquad \theta = f\gamma.$$

on en déduit

$$\frac{z-\gamma-\sqrt{\theta^2-m^2}}{\sqrt{m^2-y^2}\mp x} = e^{\int \frac{d\gamma}{\sqrt{\theta^2-m^2}}},$$

ou

$$(z-\gamma-\sqrt{\theta^2-m^2})^2 \pm 2x(z-\gamma-\sqrt{\theta^2-m^2})\, e^{\int \frac{d\gamma}{\sqrt{\theta^2-m^2}}} - [(z-\gamma)^2-(\theta^2-m^2)]\, e^{2\int \frac{d\gamma}{\sqrt{\theta^2-m^2}}} = 0,$$

$$(z-\gamma-\sqrt{\theta^2-m^2})\, e^{-\int \frac{d\gamma}{\sqrt{\theta^2-m^2}}} - (z-\gamma+\sqrt{\theta^2-m^2})\, e^{\int \frac{d\gamma}{\sqrt{\theta^2-m^2}}} \pm 2x = 0,$$

équation d'un plan, quand θ et γ sont constants. Les lignes sphériques sont donc des cercles dans des plans parallèles à l'axe des y, tandis que les plans des autres lignes sont perpendiculaires à cet axe.

Au reste, du moment que les lignes de la première série sont dans des plans parallèles, on sait que les autres sont les positions d'une même ligne plane dont le plan roule sur un cylindre, la surface est donc ici le lieu d'un cercle dont le plan roule sur un cylindre parallèle à l'axe des y. C'est une surface canal dont la directrice sera une ligne quelconque dans le plan xz. En prenant $\theta = m$, la première des équations (2) sera celle de la sphère dont la surface est l'enveloppe. Le cas actuel n'est donc pas différent de celui qui nous a occupés § 60 et 61 ; les équations elles-mêmes accusent le fait.

CHAPITRE III

Surfaces dont les lignes de courbure sont toutes sphériques.

66. Soit

$$(x-a)^2+(y-b)^2+(z-c)^2 = a^2+b^2+2u = r^2,$$

l'équation générale de la sphère à laquelle appartient une ligne de courbure du premier système. La sphère coupant la surface sous un même angle le long de la ligne, on aura l'équation

$$-p(x-a)-q(y-b)+z-c=l\sqrt{1+p^2+q^2},$$

l étant une constante pour une même ligne de courbure, mais variable d'une ligne à une autre dans le système.

On aura de même pour la sphère contenant une ligne de courbure de la seconde série

$$(x-\alpha)^2+(y-\beta)^2+(z-\gamma)^2=\alpha^2+\beta^2+\gamma^2+2\upsilon=\theta^2,$$

avec l'équation

$$-p(x-\alpha)-q(y-\beta)+z-\gamma=\lambda\sqrt{1+p^2+q^2},$$

λ étant une constante pour la même ligne, et variant d'une ligne à une autre.

Si en un point M de la surface, la normale se désigne par MN, les rayons des deux sphères qui contiennent les deux lignes de courbure par MI et MI', les deux plans IMN, I'MN seront perpendiculaires entre eux; il s'ensuivra donc

$$\cos(r,\theta)=\cos(r,N)\,.\,\cos(\theta,N)\ (^*);$$

ou à cause de

$$\cos(r,N)=\frac{l}{r},\ \cos(\theta,N)=\frac{\lambda}{\theta},\quad \cos(r,\theta)=\frac{(x-a)(x-\alpha)+(y-b)(y-\beta)+(z-c)(z-\gamma)}{r\theta},$$

$$(x-a)(x-\alpha)+(y-b)(y-\beta)+(z-c)(z-\gamma)=l\lambda;$$

ce qui, vu qu'on a

$$u+\upsilon=x^2+y^2+z^2-(a+\alpha)x-(b+\beta)y-(c+\gamma)z,$$

se réduit à

$$a\alpha+b\beta+c\gamma+u+\upsilon=l\lambda.$$

D'après cela, les équations relatives aux deux systèmes de lignes de courbure, et par suite à la surface, sont

$$(1)\quad \begin{cases}(x-a)^2+(y-b)^2+(z-c)^2=r^2=a^2+b^2+c^2+2u,\\ -p(x-a)-q(y-b)+z-c=l\sqrt{1+p^2-q^2},\end{cases}$$

$$(2)\quad \begin{cases}(x-\alpha)^2+(y-\beta)^2+(z-\gamma)^2=\theta^2=\alpha^2+\beta^2+\gamma^2+2\upsilon,\\ -p(x-\alpha)-q(y-\beta)+z-\gamma=\lambda\sqrt{1+p^2+q^2},\end{cases}$$

$$(3)\quad a\alpha+b\beta+c\gamma+u+\upsilon=l\lambda.$$

(*) Cette formule comprend celles des §§ 5 et 30; c'est la forme sous laquelle est produite l'équation (3) dans l'étude géométrique due à M. Picart (thèse chez M. Bachelier, 1863).

Les équations (1), quand a, b, c, l, r varient comme fonctions d'une même indéterminée t, déterminent une surface dont les intersections par des sphères successives sont des lignes de courbure. Il en est de même des équations (2). Si l'équation (3) est satisfaite, en même temps que ces équations (1) et (2) pour une même surface, les deux séries de lignes se coupent à angle droit, elles sont donc distinctes les unes des autres, et constituent les deux systèmes de lignes de courbure de la surface. — Alors en conséquence, les équations (1) résultent des équations (2) et vice versâ.

DISCUSSION GÉNÉRALE.

67. Considérons u, b, c, l, u comme dépendant d'une même variable t, et α, β, γ, λ, υ comme dépendant d'une autre variable τ indépendante de la première.

En différentiant l'équation (3) par rapport à τ, on a

$$a\alpha' + b\beta' + c\gamma' + \upsilon' = l\lambda',$$

et par l'élimination de l entre (3) et cette équation

$$a(\alpha\lambda' - \alpha'\lambda) + b(\beta\lambda' - \beta'\lambda) + c(\gamma\lambda' - \gamma'\lambda) + \lambda' u + \lambda'\upsilon - \lambda\upsilon' = 0.$$

D'où l'on tire, en différentiant par rapport à t,

$$a'(\alpha\lambda' - \alpha'\lambda) + b'(\beta\lambda' - \beta'\lambda) + c'(\gamma\lambda' - \gamma'\lambda) + \lambda' u' = 0,$$

et de là

$$a'(\alpha\lambda'' - \alpha''\lambda) + b'(\beta\lambda'' - \beta''\lambda) + c'(\gamma\lambda'' - \gamma''\lambda) + \lambda'' u' = 0,$$

puis

$$a'(\lambda'\alpha'' - \lambda''\alpha')\lambda + b'(\lambda'\beta'' - \lambda''\beta')\lambda + c'(\lambda'\gamma'' - \lambda''\gamma')\lambda = 0,$$

ce qui donne, soit

$$\lambda = 0,$$

soit

$$a'(\lambda'\alpha'' - \lambda''\alpha') + b'(\lambda'\beta'' - \beta'\lambda'') + c'(\lambda'\gamma'' - \gamma'\lambda'') = 0.$$

Dans ce dernier cas, on aura à la fois

$$a'(\lambda'\alpha''-\alpha'\lambda'')+b'(\lambda'\beta''-\beta'\lambda'')+c'(\lambda'\gamma''-\gamma'\lambda'')=0,$$
$$a''(\lambda'\alpha''-\alpha'\lambda'')+(b''\lambda'\beta''-\beta'\lambda'')+c''(\lambda'\gamma''-\gamma'\lambda'')=0,$$
$$a'''(\lambda'\alpha''-\alpha'\lambda'')+b'''(\lambda'\beta''-\beta'\lambda'')+c'''(\lambda'\gamma''-\gamma'\lambda'')=0,$$

ce qui donnera

$$\begin{vmatrix} a', & b', & c' \\ a'', & b'', & c'' \\ a''', & b''', & c''' \end{vmatrix}=0,$$

et par suite $Aa + Bb + Cc + D = o$, de sorte que les centres des premières sphères seront sur un même plan, à moins d'avoir à la fois

$$\lambda'\alpha''-\alpha'\lambda''=0, \qquad \lambda'\beta''-\beta'\lambda''=0, \qquad \lambda'\gamma''-\gamma'\lambda''=0.$$

Dans ce dernier cas, ou bien

$$\alpha'=0 \qquad \beta'=0, \qquad \gamma'=0,$$

c'est-à-dire α, β, γ constants; ou bien

$$\lambda'=0,$$

donc

$$\lambda=m;$$

ou bien

$$\frac{\lambda''}{\lambda'}=\frac{\alpha''}{\alpha'}=\frac{\beta''}{\beta'}=\frac{\gamma''}{\gamma'},$$

ce qui amène

$$\alpha=m\gamma+m_1, \quad \beta=n\gamma+n_1;$$

de sorte que les centres des sphères de la seconde série sont sur une droite.

Au cas de $\lambda'=0$, on a

$$a\alpha'+b\beta'+c\gamma'+\text{D}'=0,$$

d'où

$$a'\alpha'+b'\beta'+c'\gamma'=0,$$
$$a''\alpha'+b''\beta'+c''\gamma'=0,$$
$$a'''\alpha'+b'''\beta'+c'''\gamma'=0,$$

et de là

$$\begin{vmatrix} a' & b' & c' \\ a'' & b'' & c'' \\ a''' & b''' & c''' \end{vmatrix}=0, \qquad Aa+Bb+Cc+D=0,$$

les centres des premières sphères sont sur un même plan.

On a en même temps

$$a'\alpha' + b'\beta' + c'\gamma' = 0,$$
$$a'\alpha'' + b'\beta'' + c'\gamma'' = 0,$$
$$a'\alpha''' + b'\beta''' + c'\gamma''' = 0,$$

d'où, si a, b, c ne sont pas constants,

$$\begin{vmatrix} \alpha' & \beta' & \gamma' \\ \alpha'' & \beta'' & \gamma'' \\ \alpha''' & \beta''' & \gamma''' \end{vmatrix} = 0,$$

puis $A_1\alpha + B_1\beta + c_1\gamma + D_1 = 0$; les centres des secondes sphères sont également sur un même plan.

Nous avons précédemment écarté le cas de $\lambda = 0$; alors on a $\lambda' = 0$, et ce qu'on vient de voir est applicable.

Concluons de là que les centres des sphères d'une série sont situés sur un même plan, quand les sphères de l'autre série ne sont pas concentriques, ou n'ont pas leurs centres sur une même droite.

68. Si les sphères d'aucune série ne sont concentriques, ou n'ont leurs centres sur une droite, les centres des sphères de chacune d'elles sont donc sur un même plan.

Alors les deux plans de centres sont perpendiculaires entre eux.

En effet, si l'on a

$$Aa + Bb + Cc + D = 0,$$

il s'ensuit

$$Aa' + Bb' + Cc' = 0,$$
$$Aa'' + Bb'' + Cc'' = 0,$$

d'où

$$\frac{A}{b'c'' - c'b''} = \frac{B}{c'a'' - a'c''} = \frac{C}{a'b'' - b'a''}.$$

Mais les équations

$$a'(\lambda'\alpha'' - \alpha\lambda'') + b'(\lambda'\beta'' - \beta\lambda'') + c'(\lambda'\gamma'' - \gamma\lambda'') = 0,$$
$$a''(\lambda'\alpha'' - \alpha\lambda'') + b''(\lambda'\beta'' - \beta\lambda'') + c''(\lambda'\gamma'' - \gamma\lambda'') = 0,$$

donnent

$$\frac{\lambda'\alpha'' - \alpha\lambda''}{b'c'' - c'b''} = \frac{\lambda'\beta'' - \beta\lambda''}{c'a'' - a'c''} = \frac{\lambda'\gamma'' - \gamma\lambda''}{a'b'' - b'a''}.$$

D'où l'on a

$$\frac{\lambda'\alpha'' - \alpha'\lambda''}{A} = \frac{\lambda'\beta'' - \beta'\lambda''}{B} = \frac{\lambda'\gamma'' - \gamma'\lambda''}{C} = \frac{\lambda'(\beta'\alpha'' - \alpha'\beta'')}{\beta'A - \alpha'B} = \frac{\lambda'(\gamma'\beta'' - \beta'\gamma'')}{\gamma'B - \beta'C},$$

De là, si l'on a

$$\lambda' \gtrless 0,$$

$$(\beta'\alpha'' - \alpha'\beta'')(\gamma'B - \beta'C) = (\gamma'\beta'' - \beta'\gamma'')(\beta'A - \alpha'B);$$

d'où

vu qu'on peut supposer $\beta' \gtrless 0$,

$$A(\gamma'\beta'' - \beta'\gamma'') + B(\alpha'\gamma'' - \gamma'\alpha'') + C(\beta'\alpha'' - \alpha'\beta'') = 0.$$

Mais la relation

$$A_1\alpha + B_1\beta + C_1\gamma + D_1 = 0,$$

donnant

$$A_1\alpha' + B_1\beta' + C_1\gamma' = 0,$$
$$A_1\alpha'' + B_1\beta'' + C_1\gamma'' = 0,$$

puis

$$\frac{A_1}{\beta'\gamma'' - \gamma'\beta''} = \frac{B_1}{\gamma'\alpha'' - \alpha'\gamma''} = \frac{C_1}{\alpha'\beta'' - \beta'\alpha''},$$

il s'ensuit

$$AA_1 + BB_1 + CC_1 = 0;$$

les plans de centres sont donc perpendiculaires entre eux.

Au cas de $\lambda' = 0$, il viendra

$$a'\alpha' + b'\beta' + c'\gamma' = 0 \quad \text{et} \quad a''\alpha' + b''\beta' + c''\gamma' = 0,$$
$$a'\alpha'' + b'\beta'' + c'\gamma'' = 0,$$

d'où

$$\frac{a'}{\beta'\gamma'' - \gamma'\beta''} = \frac{b'}{\gamma'\alpha'' - \alpha'\gamma''} = \frac{c'}{\alpha'\beta'' - \beta'\alpha''} = \quad \text{et} \quad \frac{\alpha'}{b'c'' - c'b''} = \frac{\beta'}{c'a'' - c'c''} = \frac{\gamma'}{a'b'' - b'a''},$$

et comme l'on aura

$$\frac{A_1}{\beta'\gamma'' - \gamma'\beta''} = \frac{B_1}{\gamma'\alpha'' - \alpha'\gamma''} = \frac{C_1}{\alpha'\beta'' - \beta'\alpha''} \quad \text{et} \quad \frac{A}{b'c'' - c'b''} = \frac{B}{c'a'' - \beta'a''} = \frac{C}{a'b'' - b'a''},$$

il s'ensuivra

$$\frac{A_1}{a'} = \frac{B_1}{b'} = \frac{C_1}{c'}, \quad \frac{A}{\alpha'} = \frac{B}{\beta'} = \frac{C}{\gamma'},$$

puis

$$AA_1 + BB_1 + CC_1 = 0,$$

comme ci-dessus.

Examinons à part le cas où les sphères d'un système sont concentriques et celui où leurs centres sont sur une droite.

69. Les sphères (1) concentriques. — Alors l'équation (3) donne

$$u' = l'\lambda,$$

ce qui exige

soit $l' = 0$, d'où $u' = 0$,

soit $\lambda = m$, d'où $u = lm + m_1$ et $a\alpha + b\beta + c\gamma + \upsilon + m_1 = 0$.

Si $u = m_1$ et $l = n_1$, les premières sphères se réduisent à une seule, la surface est cette sphère même, circonstance à rejeter.

Dans l'autre cas, l'équation générale des secondes sphères devient

$$x^2 + y^2 + z^2 - 2\alpha(x - a) - 2\beta(y - b) - 2\gamma(z - c) + 2m_1 = 0,$$

celle des premières

$$x^2 + y^2 + z^2 - 2ax - 2by - 2cz = 2(lm + m_1).$$

La surface est ainsi déterminée, d'un côté par

$$(1) \quad \begin{cases} x^2 + y^2 + z^2 - 2ax - 2by - 2cz = 2(lm + m_1), \\ -p(x - a) - q(y - b) + z - c = l\sqrt{1 + p^2 + q^2}; \end{cases}$$

de l'autre par

$$(2) \quad \begin{cases} x^2 + y^2 + z^2 - 2\alpha(x - a) - 2\beta(y - b) - 2\gamma(z - c) + 2m_1 = 0, \\ -p(x - \alpha) - q(y - \beta) + z - \gamma = \lambda\sqrt{1 + p^2 + q^2}. \end{cases}$$

L'élimination de l entre les équations (1) donne une équation déterminée aux dérivées partielles dont l'intégration amènerait une fonction arbitraire. Mais dans les équations (2) il y a quatre indéterminées, α, β, γ, λ; pour en déduire par l'élimination une pareille équation, trois relations seraient à établir au préalable entre ces quantités. Si l'on y fait tendre α vers l'infini, il s'ensuivra

$$\alpha_1(x - a) + \beta_1(y - b) + \gamma_1(z - c) = 0,$$

ce qui indique que les lignes de courbure du second système sont planes, et que leurs plans passent au centre commun des sphères du premier système.

C'est en effet un théorème dû à M. Picart, que si les lignes de courbure d'un système sont situées sur des sphères concentriques, les autres lignes sont dans des plans passant par le centre commun et normaux à la surface. Soit considérée la surface développable orthogonale à la surface le long d'une ligne de courbure du second système; cette surface est l'enveloppe de plans normaux aux premières lignes, qui passent par conséquent au centre commun des sphères. Il s'ensuit que c'est un plan ou un cône. Dans la dernière hypothèse, la ligne de courbure orthogonale aux génératrices serait une sphère concentrique au cône; par suite, les premières lignes de courbure seraient sur la même sphère, la surface ne serait autre chose que cette sphère. C'est ainsi une hypothèse à écarter. Donc les lignes du second système sont toutes planes, et leurs plans passent au centre commun des sphères.

On rentre là dans le premier cas examiné au chapitre II. Les lignes de courbure étant toutes sphériques, la surface n'est autre chose que le lieu d'un cercle dont le plan roule tangentiellement à un cône.

70. 2° Les centres des sphères d'une série situés sur une droite. — Prenons la droite pour axe des z, ce qui donne $\alpha = 0$, $\beta = 0$, la relation (3) devenant

$$c\gamma + u + v = l\lambda,$$

on a

$$c\gamma' + v' = l\lambda',$$

$$c'\gamma' = l'\lambda',$$

$$c' = l'\frac{\lambda'}{\gamma'}.$$

Il s'ensuit

$$l' = 0, \quad c' = 0, \qquad \text{ou} \qquad l = m, \quad c = h,$$

ou

$$l = k\gamma + k_1, \qquad c = kl + k_2.$$

71. Dans le premier cas, en disposant de l'origine, on peut avoir $c = 0$, de sorte que

$$u + v = m\lambda,$$

$$v = m\lambda + m_1, \qquad \text{puis} \qquad u = -m_1,$$

par suite les équations sont

$$(1)\quad \begin{aligned} &x^2+y^2+z^2-2ax-2by=-2m_1 \\ &-p(x-a)-q(y-b)+z=m\sqrt{1+p^2+q^2}, \end{aligned} \qquad (2)\quad \begin{aligned} &x^2+y^2+z^2-2\gamma z=2(m\lambda+m_1) \\ &-px-qy+z-\gamma=\lambda\sqrt{1+p^2+q^2}. \end{aligned}$$

On peut établir entre a et b une relation arbitraire, une aussi entre γ et λ. Les sphères (1) ont l'axe des z pour axe radical commun ; elles se coupent aux points

$$x=0,\quad y=0,\ z=\pm\sqrt{-2m_1},$$

réels ou imaginaires, suivant que l'on a $m_1 < 0$ ou > 0.

Quand ces points sont réels, si l'on opère une transformation de la surface par rayons vecteurs réciproques en prenant l'un des points pour pôle, les sphères se changeront en plans concourant en un point, et les sphères de la seconde série deviendront des sphères ayant leurs centres sur le même axe des z. La surface est donc une transformée par rayons vecteurs réciproques de celle dont il s'agit au chapitre II, 2e cas, au moins quand l'axe radical commun aux sphères de la première série est un axe réel.

Nous chercherons plus loin, directement, les équations des lignes de courbure, et celle de la surface, en considérant b comme une fonction donnée de a, et λ comme une fonction donnée de γ.

72. Dans le cas de

$$\lambda = K\gamma + K_1,\qquad c = Kl + K_2,$$

il y a à distinguer deux circonstances, celle où l'on a $K \gtrless 0$, et celle où l'on a $K=0$. Soit $K \lesseqgtr 0$; en disposant de l'origine, on fera $K_1=0$, de sorte que

$$\begin{aligned}\lambda &= K\gamma,\\ c &= Kl + K_2,\\ K_2\gamma + v &= K_3\\ u + K_3 &=\end{aligned}$$

ce qui mène à

$$(1)\qquad \begin{aligned}&(x-a)^2+(y-b)^2+(z-Kl-K_2)^2=a^2+b^2+(Kl-K_2)^2-2K_3\\ &-p(x-a)-q(y-b)+z-Kl-K_2=l\sqrt{1+p^2+q^2},\end{aligned}$$

$$(2)\qquad \begin{aligned}&x^2+y^2+(z-\gamma)^2=\gamma^2-2K_2\gamma+2K_3,\\ &-px-qy+z-\gamma=K\gamma\sqrt{1+p^2+q^2}.\end{aligned}$$

Les équations (2) sont celles de même numéro du § 39 (ch. II), quand on y fait

$$\theta^2=\gamma^2-2K_2\gamma+2K_3,$$
$$K=\frac{1}{m}.$$

A l'égard des équations (1) on peut disposer de l. Qu'on fasse

$$l=\infty,\quad \lim\frac{a}{l\mathrm{K}}=-a_1,\quad \lim\frac{b}{l\mathrm{K}}=-b_1,$$

il vient

$$a_1x+b_1y-z=0,$$

$$a_1p+b_1q+1=-m\sqrt{1+p^2+q^2},$$

autres équations (1) du même paragraphe.

Les lignes données par la formule 8 du § 45 ou la formule 9 du § 47 sont donc, les unes des cercles, les autres des lignes sphériques, quand on a

$$\theta^2=\gamma^2-2\mathrm{K}_2\gamma+2\mathrm{K}_3.$$

73. Si l'on a

$$\mathrm{K}=0,$$

il s'ensuivra $\lambda=\mathrm{K}_1$, $c=\mathrm{K}_2$, ou en disposant de l'origine $c=0$, et de là

$$u+\upsilon=l\mathrm{K}_1,$$

ce qui exige υ constant, égal à K_3 : ainsi

$$(1)\quad \begin{cases}(x-a)^2+(y-b)^2+z^2=a^2+b^2+2l\mathrm{K}_1-2\mathrm{K}_3\\ -p(x-a)-q(y-b)+z=l\sqrt{1+p^2+q^2},\end{cases}\qquad (2)\quad \begin{cases}x^2+y^2+(z-\gamma)^2=\gamma^2+2\mathrm{K}_3,\\ -px-qy+z-\gamma=\mathrm{K}_1\sqrt{1+p^2+q^2}.\end{cases}$$

Les équations (2) sont celles du même numéro dans le § 53 ch. II, quand on y prend

$$\theta^2=\gamma^2+2\mathrm{K}_3\quad\text{et}\quad \mathrm{K}_1=-m.$$

Pour cette valeur de θ^2, les lignes planes que donnent les formules du § 53 sont donc des cercles.

Alors, on peut dans les formules (1) établir entre a, b, l une relation arbitraire sans que la surface en soit changée, si l'on y pose $l=\infty$, $\frac{a}{l}=a_1$, $\frac{b}{l}=b_1$; il vient

$$a_1x+b_1y=-\mathrm{K}_1$$

$$a_1p+b_1q=\sqrt{1+p^2+q^2},$$

formules qui sont celles du N° 1 du § 53.

DU CAS OU LES CENTRES DES SPHÈRES DE CHAQUE SÉRIE SONT DANS UN MÊME PLAN.

74. Démontrons d'abord que les sphères d'une même série ont un même axe radical.

Soit considérée l'équation

$$x^2+y^2+z^2-2ax-2by-2cz=2u,$$

des sphères de la première série.

L'axe radical relatif à trois sphères consécutives sera donné par

$$a'x+b'y+c'z+u'=0,$$
$$a''x+b''y+c''z+u''=0.$$

or l'on a

$$a'(\alpha\lambda'-\alpha'\lambda)+b'(\beta\lambda'-\beta'\lambda)+c'(\gamma\lambda'-\gamma'\lambda)+\lambda'u'=0,$$
$$a''(\alpha\lambda'-\alpha'\lambda)+b''(\beta\lambda'-\beta'\lambda)+c''(\gamma\lambda'-\gamma'\lambda)+\lambda'u''=0,$$
$$a'''(\alpha\lambda'-\alpha'\lambda)+b'''(\beta\lambda'-\beta'\lambda)+c'''(\gamma\lambda'-\gamma'\lambda)+\lambda'u'''=0.$$

mais puisque

$$\begin{vmatrix} a' & b' & c' \\ a'' & b'' & c'' \\ a''' & b''' & c''' \end{vmatrix}=0,$$

il faut avoir

$$\lambda'=0, \quad \text{ou bien} \quad \begin{vmatrix} u' & b' & c' \\ u'' & b'' & c'' \\ u''' & b''' & c''' \end{vmatrix}=0,$$

supposé qu'on ait

$$\begin{vmatrix} b' & c' \\ b'' & c'' \end{vmatrix} \gtrless 0,$$

ce qu'il est permis d'admettre, car si on avait à la fois $\frac{a''}{a'}=\frac{b''}{b'}=\frac{c''}{c'}$, les centres des premières sphères seraient sur une droite.

Dans le second cas, quand les deux équations

$$a'x+b'y+c'z+u'=0,$$
$$a''x+b''y+c''z+u''=0,$$

ont lieu à la fois, il s'ensuit, eu égard aux deux relations précédentes,

$$a'''x + b'''y + c'''z + u''' = 0;$$

car alors on peut avoir à la fois

$$\begin{aligned} a'\lambda + a''\mu + a'''\nu &= 0, \\ b'\lambda + b''\mu + b'''\nu &= 0, \\ c'\lambda + c''\mu + c'''\nu &= 0, \\ u'\lambda + u''\mu + u'''\nu &= 0, \end{aligned}$$

par des valeurs de λ, μ, ν autres que zéro.

En conséquence, l'axe radical relatif à trois sphères consécutives se rapporte également à une quatrième. Les sphères ont donc un même axe radical.

Au cas de $\lambda' = 0$, ou $\lambda = m$, comme λ ne dépend pas des axes de coordonnées, puisque l'on a $\lambda = \theta \cos(N, \theta)$, prenons pour plans des yz et des xz les plans sur lesquels sont les deux séries de centres ; il s'ensuivra

$$\begin{gathered} a = 0, \quad \beta = 0, \\ c\gamma + u + v = ml, \end{gathered}$$

puis $c\gamma' + v' = 0$, ce qui exigera

$$\begin{array}{lll} \text{soit} & \gamma' = 0, \quad u' = 0, & \text{d'où} \quad \gamma = k, \quad u = k_1, \\ \text{soit} & c + m = 0, \quad v' = m\gamma', & v = m\gamma + m_1 ; \end{array}$$

dans ces deux cas, les centres de l'une et de l'autre série sont sur une même droite.

Donc, quand aucune des séries de sphères n'a ses centres sur une droite, il ne peut arriver qu'on ait λ égal à une constante, ni l non plus pour la même raison.

Ainsi, quand les centres des deux séries de sphères sont disposés sur deux plans sans être pour aucune série sur une droite, non-seulement ces plans sont perpendiculaires entre eux, mais les sphères de chaque série ont un même axe radical. Comme perpendiculaires aux deux plans, les deux axes radicaux sont à angle droit.

75. Prenons pour plan des yz le plan des centres des secondes sphères, pour plan des xz celui des centres des premières : nous aurons

$$a = 0, \quad b = 0,$$

et par suite

$$(1)\quad \begin{array}{l}(x-a)^2+y^2+(z-c)^2=a^2+c^2+2u,\\ -p(x-a)-qy+z-c=l\sqrt{1+p^2+q^2},\end{array}\qquad (2)\quad \begin{array}{l}x^2+(y-\beta)^2+(z-\gamma)^2=\beta^2+\gamma^2+2v,\\ -px-q(y-\beta)+z-\gamma=\lambda\sqrt{1+p^2+q^2},\end{array}$$

$$(\alpha)\qquad c\gamma+u+v=l\lambda.$$

On tire de la dernière équation

$$c\gamma'+v'=l\lambda',$$
$$c'\gamma'=l'\lambda',$$
$$c'=\frac{\lambda'}{\gamma'}l',$$

ce qui donne

$$\frac{\lambda'}{\gamma'}=m,\quad \lambda=m\gamma+m_1,\quad l'=\frac{1}{m}c',\quad l=\frac{1}{m}c+m_2,$$

$$v=mm_2\gamma+m_3\qquad u=\frac{m_1}{m}c+m_1m_2-m_3:$$

de sorte que finalement

$$(1)\qquad x^2+y^2+z^2-2ax-2cz=2\left(\frac{m_1}{m}c+m_1m_2-m_3\right),$$

$$(2)\qquad x^2+y^2+z^2-2\beta y-2\gamma z=2(mm_2\gamma+m_3).$$

Les sphères (1) ont bien deux points communs donnés par

$$x=0,\quad z=-\frac{m_1}{m},\quad y=\pm\sqrt{2(m_1m_2-m_3)-\frac{m_1^2}{m^2}},$$

leur axe radical est la droite qui a pour équations

$$x=0,\quad z=-\frac{m_1}{m},$$

il est parallèle à l'axe des y dans le plan yz.

Les sphères (2) ont également pour points communs les points donnés par

$$y=0,\quad z=-m_1m_2,\quad x=\pm\sqrt{2m_3-m_1^2m_2^2};$$

leur axe radical est déterminé par

$$y=0,\quad z=-m_1m_2,$$

c'est une droite dans le plan xz parallèle à l'axe des x.

Les deux axes radicaux sont ainsi chacun dans le plan des centres des sphères auxquelles il ne se rapporte pas, chacun d'eux ayant son milieu sur le plan des centres des sphères correspondantes, la perpendiculaire qui leur est commune est l'intersection des deux plans et passe par ces milieux.

76. Prenons pour l'axe des premières sphères

$$x = 0, \quad z = K,$$

pour celui des secondes

$$y = 0, \quad z = K'.$$

Nous aurons

$$\frac{m_1}{m} = -K, \qquad mm_2 = -K',$$

d'où

$$m_1 m_2 = KK', \quad \frac{m_2}{m_1} m^2 = \frac{K'}{K}, \quad u = -Kc + KK' - m_3, \quad \upsilon = -K'\gamma + m_3.$$

Qu'on fasse

$$u = -Kc + K_1,$$

$$\upsilon = -K'\gamma + K_2,$$

on aura

$$K_1 + K_2 = KK',$$

$$l = \frac{c - K'}{m}, \quad \lambda = m(\gamma - K).$$

Les équations seront

$$(1) \quad \begin{cases} (x-a)^2 + y^2 + (z-c)^2 = r^2, \\ -p(x-a) - qy + z - c = -n(K' - c)\sqrt{1+p^2+q^2}, \end{cases}$$

$$(2) \quad \begin{cases} x^2 + (y-\beta)^2 + (z-\gamma)^2 = \rho^2, \\ -px - q(y-\beta) + z - \gamma = -\dfrac{K-\gamma}{n}\sqrt{1+p^2+q^2}, \end{cases}$$

en posant

$$r^2 = a^2 + c^2 - 2Kc + 2K_1, \quad \rho^2 = \beta^2 + \gamma^2 - 2K'\gamma + 2K_2,$$
$$K_1 + K_2 = KK',$$

m étant d'ailleurs changé en $\frac{1}{n}$.

Nous avons maintenant à nous occuper de ces équations et de celles du § 71. Commençons par ces précédentes.

Du cas où les sphères d'une série ont leurs centres sur une droite, tandis que les centres des autres sont sur un plan perpendiculaire à cette droite.

77. Les équations à traiter sont

$$(1)\quad \begin{aligned}&x^2+y^2+z^2-2ax-2by=-2m_1,\\&-p(x-a)-q(y-b)+z=m\sqrt{1+p^2+q^2},\end{aligned}\qquad (2)\quad \begin{aligned}&x^2+y^2+z^2-2\gamma z=2(m\lambda+m_1)\\&-px-qy+z-\gamma=\lambda\sqrt{1+p^2+q^2},\end{aligned}$$

ou

$$(1)\quad \begin{aligned}&(x-a)^2+(y-b)^2+z^2=r^2,\\&-p(x-a)-q(y-b)+z=m\sqrt{1+p^2+q^2},\end{aligned}\qquad (2)\quad \begin{aligned}&x^2+y^2+(z-\gamma)^2=\theta^2,\\&-px-qy+z-\gamma=\lambda\sqrt{1+p^2+q^2},\end{aligned}$$

en posant

$$r^2=a^2+b^2-2m_1,\qquad \theta^2=\gamma^2+2m\lambda+2m_1.$$

Lignes de courbure du second système. — Les droites MR, MN, MT′ étant situées dans un même plan, la troisième perpendiculairement à la seconde, on a

$$\cos(\mathrm{MR},\mathrm{MT'})=-\sin(\mathrm{MR},\mathrm{MN}),$$

ou

$$(x-a)\frac{dx}{ds}+(y-b)\frac{dy}{ds}+z\frac{dz}{ds}=-r\sqrt{1-\frac{m^2}{r^2}}=-\sqrt{r^2-m^2},$$

$$[(x-a)\,dx+(y-b)\,dy+z\,dz]^2=(r^2-m^2)\,ds^2.$$

Nous avons à considérer γ, θ, λ comme des constantes, r, a et b comme des variables.

78. Proposons-nous d'obtenir z en fonction de a.

Les relations à employer sont

$$[(x-a)\,dx+(y-b)\,dy+z\,dz]^2=(r^2-m^2)\,ds^2,$$

$$(x-a)^2+(y-b)^2+z^2=r^2,\qquad x^2+y^2+(z-\gamma)^2=\theta^2,$$

$$r^2=a^2+b^2-2m_1,\qquad \theta^2=\gamma^2+2m\lambda+2m_1.$$

La première peut se changer en

$$[(x-a)\,da+(y-b)\,db+r\,dr]^2=(r^2-m^2)\,ds^2.$$

On déduit de là

$$x - a = \frac{a(-r^2 + m\lambda + \gamma z) \pm b\mathrm{R}}{r^2 + 2m_1}, \quad y - b = \frac{b(-r^2 + m\lambda + \gamma z) \mp a\mathrm{R}}{r^2 + 2m_1},$$

$$\mp(bx - ay) = \mathrm{R} = \sqrt{(r^2 - z^2)(r^2 + 2m_1) - (-r^2 + m\lambda + \gamma z)^2}$$

$$= \sqrt{r^2[\theta^2 - (z-\gamma)^2] - 2m_1 z^2 - (m\lambda + \gamma z)^2},$$

$$(ay - bx)^2 ds^2 = (r^2\theta^2 - m^2\lambda^2)dz^2 - 2[\theta^2 z - m\lambda(z-\gamma)][(x-a)da + (y-b)db + rdr]$$

$$+ [\theta^2 - (z-\gamma)^2][(x-a)da + (y-b)db + rdr]^2,$$

puis on a

$$[(x-a)da + (y-b)db + rdr]^2\Theta + 2(r^2 - m^2)[\theta^2 z - m\lambda(z-\gamma)]$$

$$[(x-a)da + (y-b)db + rdr]dz = (r^2 - m^2)(r^2\theta^2 - m^2\lambda^2)dz^2,$$

en faisant

$$\Theta = m^2[\theta^2 - (z-\gamma)^2] - 2m_1 z^2 - (m\lambda + \gamma z)^2;$$

et de là

$$(x-a)da + (y-b)db + rdr + \frac{(r^2 - m^2)[\theta^2 z - m\lambda(z-\gamma)]}{\Theta}$$

$$= \frac{m\sqrt{\theta^2 - \lambda^2}\sqrt{r^2 - m^2}\,\mathrm{R}\,dz}{\Theta}$$

ce qui donne

$$\frac{(m\lambda + \gamma z + 2m_1)rdr}{(r^2 + 2m_1)\sqrt{r^2 - m^2}\,\mathrm{R}} + \frac{\sqrt{(r^2 - m^2)}\,[\theta z^2 - m\lambda(z-\gamma)]}{\Theta\,\mathrm{R}}dz$$

$$= \mp \frac{bda - adb}{(r^2 + 2m_1)\sqrt{r^2 - m^2}} + \frac{m\sqrt{\theta^2 - \lambda^2}\,dz}{\Theta}.$$

79. Dans cette équation, la différentielle du premier terme par rapport à z et celle du second par rapport à a sont égales à

$$\frac{[\theta^2 z - m\lambda(z-\gamma)]\,rdr\,dz}{\sqrt{z^2 - m^2}\,\mathrm{R}^3}.$$

Le premier membre est donc la différentielle complète d'une fonction V_1 de r et de z.

En comparant cette équation à celle du § 42 (ch. II), on est amené à y remplacer

$$a^2 + b^2 \text{ par } r^2 + 2m_1,$$

$$1 - m^2 \text{ par } -(2m_1 + m^2),$$

$$z \text{ par } m\lambda + \gamma z + 2m_1,$$

$$\theta^2 - (z - \gamma)^2 \text{ par } \theta^2 - (z - \gamma)^2.$$

Qu'on prenne donc

$$V_1 = -\frac{1}{\sqrt{-2m_1 - m^2}} \operatorname{arctang} \frac{(m\lambda + \gamma z + 2m_1)\sqrt{r^2 - m^2}}{\sqrt{-m^2 - 2m_1}\,R},$$

on trouve, en effet, que dV_1 est le premier membre de l'équation.

Comme d'autre part on a

$$-\int \frac{m\sqrt{\theta^2 - \lambda^2}\,dz}{\theta} = \frac{1}{\sqrt{-m^2 - 2m_1}} \operatorname{arc\,tang} \frac{z(m^2 + 2m_1 + \gamma^2) - m\gamma(m - \lambda)}{m\sqrt{\theta^2 - \lambda^2}\,\sqrt{-m^2 - 2m_1}},$$

il s'ensuit pour l'intégrale de l'équation

$$V = -\frac{1}{\sqrt{-m^2 - 2m_1}} \operatorname{arc\,tang} \frac{(m\lambda + \gamma z + 2m_1)\sqrt{r^2 - m^2}}{\sqrt{-m^2 - 2m_1}\,R}$$

$$+ \frac{1}{\sqrt{-m^2 - 2m_1}} \operatorname{arc\,tang} \frac{z(m^2 + 2m_1 + \gamma^2) - m\gamma(m - \lambda)}{m\sqrt{\theta^2 - \lambda^2}\,\sqrt{-m^2 - 2m_1}} - K$$

$$\pm \int \frac{bda - adb}{(r^2 + 2m_1)\sqrt{r^2 - m^2}} = 0,$$

K étant là une fonction de γ qu'il nous reste à obtenir.

80. En substituant dans V la valeur de θ^2, elle devient

$$V = -\frac{1}{\sqrt{-m^2 - 2m_1}} \operatorname{arc\,tang} \frac{(m\lambda + \gamma z + 2m_1)\sqrt{r^2 - m^2}}{\sqrt{-m^2 - 2m_1}\sqrt{r^2[2m\lambda + 2m_1 - z^2 + 2\gamma z] - 2m_1 z^2 - (m\lambda + \gamma z)^2}}$$

$$+ \frac{1}{\sqrt{-m^2 - 2m_1}} \operatorname{arc\,tang} \frac{z(m^2 + 2m_1 + \gamma^2) - m\gamma(m - \lambda)}{m\sqrt{-m^2 - 2m_1}\,\sqrt{\gamma^2 + 2m\lambda + 2m_1 - \lambda^2}}$$

$$- K \pm \int \frac{bda - adb}{(r^2 + 2m_1)\sqrt{r^2 - m^2}} = 0.$$

Les équations

$$-p(x - a) - q(y - b) + z = m\sqrt{1 + p^2 + q^2},$$

$$-px - qy + z - \gamma = \lambda\sqrt{1 + p^2 + q^2}$$

donnant

$$-p[\lambda(x - a) - mx] - q[\lambda(y - b) - my] + \lambda z - m(z - \gamma) = 0,$$

déterminons K de façon que par l'équation V = 0 on satisfasse à cette relation, eu égard d'ailleurs aux équations

$$(x-a)^2+(y-b)^2+z^2=r^2, \quad x^2+y^2+(z-\gamma)^2=\theta^2,$$
$$r^2=a^2+b^2-2m_1, \quad \theta^2=\gamma^2+2m\lambda+2m_1,$$

λ se traitant comme fonction de γ, et b comme fonction de a.

Nous aurons donc

$$\frac{dV}{da}\frac{da}{dx}+\frac{dV}{dz}p+\left(\frac{dV}{d\gamma}-\frac{dK}{d\gamma}\right)\frac{d\gamma}{dx}=0, \quad x-a+zp=\left(x+y\frac{db}{da}\right)\frac{da}{dx}$$
$$x+(z-\gamma)p=\left(z+m\frac{d\lambda}{d\gamma}\right)\frac{d\gamma}{dx},$$

d'où

$$\frac{dV}{da}\frac{x-a+pz}{x+y\dfrac{db}{da}}+\frac{dV}{dz}p+\left(\frac{dV}{d\gamma}-\frac{dK}{d\gamma}\right)\frac{x+p(z-\gamma)}{z+m\dfrac{d\lambda}{d\gamma}}=0;$$

de même

$$\frac{dV}{da}\frac{y-b+qz}{x+y\dfrac{db}{da}}+\frac{dV}{dz}q+\left(\frac{dV}{d\gamma}-\frac{dK}{d\gamma}\right)\frac{y+q(z-\gamma)}{z+m\dfrac{d\lambda}{d\gamma}}=0.$$

Il s'ensuit

$$\frac{dV}{da}\frac{\lambda r^2-m(\theta^2-\gamma^2)+m(2m_1+m\lambda)}{x+y\dfrac{db}{da}}+\frac{dV}{dz}[\lambda z-m(z-\gamma)]$$
$$+\left(\frac{dV}{d\gamma}-\frac{dK}{d\gamma}\right)\frac{\lambda(\theta^2-\gamma^2)-m\theta^2-\lambda(2m_1+m\lambda)}{z+m\dfrac{d\lambda}{d\gamma}}=0,$$

ou

$$\frac{dV}{da}\frac{\lambda(r^2-m^2)}{x+y\dfrac{db}{da}}+\frac{dV}{dz}[\lambda z-m(z-\gamma)]+\left(\frac{dV}{d\gamma}-\frac{dK}{d\gamma}\right)\frac{-m(\theta^2-\lambda^2)}{z+m\dfrac{d\lambda}{d\gamma}}=0.$$

Mais nous avons

$$\frac{dV}{da}=\frac{m\lambda+\gamma z+2m_1}{(r^2+2m_1)\sqrt{r^2-m^2}R}\left(a+b\frac{db}{da}\right)\pm\frac{b-a\dfrac{db}{da}}{(r^2+2m_1)\sqrt{r^2-m^2}},$$

$$\frac{dV}{dz}=\frac{\sqrt{r^2-m^2}[\theta^2 z-m\lambda(z-\gamma)]}{\theta R}-\frac{m\sqrt{\theta^2-\lambda^2}}{\theta},$$

$$x+y\frac{db}{da}=\frac{(m\lambda+\gamma z+2m_1)\left(a+b\dfrac{db}{da}\right)\pm\left(b-a\dfrac{db}{da}\right)R}{r^2+2m_1},$$

$$\frac{dV}{d\gamma} = \frac{\sqrt{r^2 - m^2}}{R}\left(z + m\frac{d\lambda}{d\gamma}\right)\frac{m\lambda + \gamma z - z^2}{\theta}$$

$$-\frac{m}{\sqrt{\theta^2-\lambda^2}}\,\frac{(m^2+2m_1+\gamma^2)\left\{\gamma z+[\lambda z-m(z-\gamma)]\frac{d\lambda}{d\gamma}\right\}+m(\lambda-m)(2m\lambda+2m_1-\lambda^2)-2\gamma z(\lambda-m)^2}{(m^2+2m_1+\gamma^2)\theta};$$

Substitution faite de ces valeurs, il vient

$$\frac{\lambda\sqrt{\theta^2-m^2}}{R}+\frac{\sqrt{r^2-m^2}[\theta^2 z-m\lambda(z-\gamma)][\lambda z-m(z-\gamma)^2]}{R\Theta}-\frac{m\sqrt{r^2-m^2}(\theta^2-\lambda^2)(m\lambda+\gamma z-z^2)}{R\theta}$$

$$-m\frac{\sqrt{\theta^2-\lambda^2}[\lambda z-m(z-\gamma)]}{\theta}+\frac{m^2\sqrt{\theta^2-\lambda^2}}{z+m\frac{d\lambda}{d\gamma}}$$

$$\frac{(m^2+2m_1+\gamma^2)\left\{\gamma z+[\lambda z-m(z-\gamma)]\frac{d\lambda}{d\gamma}\right\}+m(\lambda-m)(2m\lambda+2m_1-\lambda^2)-2\gamma z(\lambda-m)^2}{(m^2+2m_1+\gamma^2)\theta}$$

$$+\frac{dK}{d\gamma}\,\frac{m(\theta^2-\lambda^2)}{z+m\frac{d\lambda}{d\theta}}=0,$$

ce qui se réduit à

$$-\frac{\lambda-m}{m^2+2m_1+\gamma^2}+\frac{dK}{d\gamma}\sqrt{\theta^2-\lambda^2}=0,$$

$$\frac{dK}{d\gamma}=\frac{\lambda-m}{(m^2+2m_1+\gamma^2)\sqrt{\theta^2-\lambda^2}},$$

donc

$$K=\int\frac{(\lambda-m)\,d\gamma}{(m^2+2m_1+\gamma^2)\sqrt{\theta^2-\lambda^2}}.$$

81. L'équation intégrale est ainsi

$$V=-\frac{1}{\sqrt{-m^2-2m_1}}\operatorname{arc\,tang}\frac{(m\lambda+\gamma z+2m_1)\sqrt{r^2-m^2}}{\sqrt{-m^2-2m_1}\,R}$$

$$+\frac{1}{\sqrt{-m^2-2m_1}}\operatorname{arc\,tang}\frac{z(m^2+2m_1+\gamma^2)-m\gamma(m-\lambda)}{m\sqrt{-m^2-2m_1}\sqrt{\theta^2-\lambda^2}}$$

$$-\int\frac{(\lambda-m)\,d\gamma}{(m^2+2m_1+\gamma^2)\sqrt{\theta^2-\lambda^2}}\pm\int\frac{bda-adb}{(r^2+2m_1)\sqrt{r^2-m^2}}=0,$$

supposé qu'on ait

$$-m^2-2m_1>0.$$

82. Au cas de $-m^2 - 2m_1 < 0$, l'intégrale est

$$V = -\frac{1}{2\sqrt{m^2+2m_1}}\, l\, \frac{\left[(m\lambda+\gamma z+2m_1)\sqrt{r^2-m^2} - R\sqrt{m^2+2m_1}\right]^2}{(r^2+2m_1)\left[(m\lambda+\gamma z-m^2)^2+(z^2-m^2)(m^2+2m_1)\right]}$$

$$+\frac{1}{2\sqrt{m^2+2m_1}}\, l\, \frac{\left[z(m^2+2m_1+\gamma^2)-m\gamma(m-\lambda)-m\sqrt{\theta^2-\lambda^2}\sqrt{m^2+2m_1}\right]^2}{(m^2+2m_1+\gamma^2)\left[(m\lambda+\gamma z-m^2)^2+(z^2-m^2)(m^2+2m_1\right]}$$

$$-\int\frac{(\lambda-m)\,d\gamma}{(m^2+2m_1+\gamma^2)\sqrt{\theta^2-\lambda^2}} \pm \int\frac{bda-adb}{(r^2+2m_1)\sqrt{r^2-m^2}} = 0,$$

$$V = \frac{1}{\sqrt{m^2+2m_1}}\, l \pm \frac{z(m^2+2m_1+\gamma^2)-m\gamma(m-\lambda)-m\sqrt{\theta^2-\lambda^2}\sqrt{m^2+2m_1}}{(m\lambda+\gamma z+2m_1)\sqrt{r^2-m^2}-R\sqrt{m^2+2m_1}}$$

$$\frac{\sqrt{r^2+2m_1}}{\sqrt{\gamma^2+m^2+2m_1}} - \int\frac{(\lambda-m)\,d\gamma}{(2m^2+m_1+\gamma^2)\sqrt{\theta^2-\lambda^2}} \pm \int\frac{bda-adb}{(r^2+2m_1)\sqrt{r^2-m^2}} = 0.$$

On y joindra

$$(x-a)^2+(y-b)^2+z^2=r^2, \qquad x^2+y^2+(z-\gamma)^2=\theta^2,$$

$$R=\sqrt{r^2\left[\theta^2-(z-\gamma)^2\right]-2m_1z^2-(m\lambda+\gamma z)^2} = \pm(bx-ay),$$

$$r^2=a^2+b^2-2m_1, \qquad \theta^2=\gamma^2+2m\lambda+2m_1$$

$$b=fa, \quad \lambda=F\gamma.$$

Par l'élimination de a et de b, on aura avec $x^2+y^2+(z-\gamma)^2=\theta^2$, une équation générale pour les lignes de courbure du second système. Par celle de γ, λ, θ on aura, avec l'équation $(x-a)^2+(y-b)^2+z^2=r^2$, une équation générale pour les lignes de courbure du premier système. Par celle de a et de γ, et des variables qui en dépendent, on aura l'équation de la surface.

83. Si l'on a $m^2+2m_1=0$, on déduit de la dernière expression de V

$$V=-\frac{m\sqrt{\theta^2-\lambda^2}\sqrt{r^2-m^2}+R\gamma}{\gamma(m\lambda+\gamma z-m^2)\sqrt{r^2-m^2}} - \int\frac{(\lambda-m)d\gamma}{\gamma^2\sqrt{\theta^2-\lambda^2}} \pm \int\frac{bda-adb}{(r^2-m^2)\sqrt{r^2-m^2}} = 0.$$

84. Pour les surfaces parallèles, les équations (1) et (2) devenant

(1)
$$x'^2+y'^2+z'^2-2ax'-2by' = N^2+2Nm-2m_1 = -2M_1,$$
$$-p(x'-a)-q(y'-b)+z' = (N+m)\sqrt{1+p^2+q^2} = M\sqrt{1+p^2+q^2},$$

(2)
$$x'^2+y'^2+z'^2-2\gamma z' = N^2+2(N+m)\lambda+2m_1 = 2(M\Lambda+M_1)$$
$$-px'-qy'+z'-\gamma = (N+\lambda)\sqrt{1+p^2+q^2} = \Lambda\sqrt{1+p^2+q^2},$$

en faisant

$$\Lambda = N + \lambda, \quad M = N + m, \quad -2M_1 = N^2 + 2Nm - 2m_1,$$

on devra dans les valeurs de V, θ^2, r^2 changer λ, m et m_1 en ces valeurs de Λ, M et M_1.

Il est à remarquer que si l'on a $m^2 + 2m_1 = 0$, on a également $M^2 + 2M_1 = 0$.

DU CAS OU LES DEUX SÉRIES DE SPHÈRES PRÉSENTENT CHACUNE LES CENTRES SUR UN PLAN.

85. Les équations établies § 76, sont

$$(1) \quad \begin{cases} (x-a)^2 + y^2 + (z-c)^2 = r^2, \\ -p(x-a) - qy + z - c = -n(K'-c)\sqrt{1+p^2+q^2}, \end{cases}$$

$$x^2 + (y-\beta)^2 + (z-\gamma)^2 = \theta^2,$$

$$(2) \quad -px - q(y-\beta) + z - \gamma = -\frac{K-\gamma}{n}\sqrt{1+p^2+q^2},$$

$$r^2 = a^2 + c^2 - 2Kc + 2K_1, \quad \theta^2 = \beta^2 + \gamma^2 - 2K'\gamma + 2K_2,$$

$$K_1 + K_2 = KK'.$$

Ajoutons-y

$$c = fa, \quad \beta = F\gamma,$$

de sorte que le lieu des centres des premières sphères sur le plan xz soit une ligne quelconque, ainsi que celui des centres des secondes sur le plan yz.

86. Proposons-nous d'abord de trouver une équation différentielle relative aux lignes du second système.

Au point M, quelconque sur la surface, les droites MN, MR, MT' étant dans un même plan, la première perpendiculaire à la troisième, on a

$$\sin(MN, MR) = \cos(MR, MT'),$$

et de là

$$[(x-a)\,dx + y\,dy + (z-c)\,dz]^2 = [r^2 - n^2(K'-c)^2]\,ds^2$$

ou

$$[(x-a)\,da + (z-c)\,dc + r\,dr]^2 = [r^2 - n^2(K'-c)^2]\,ds^2.$$

Nous allons éliminer de cette équation x et z.

On obtient pour cela

$$z-\gamma=\frac{(c-\gamma)\,[\theta^2+\beta y-\beta^2-(K-\gamma)\,(K'-c)]\pm aR}{a^2+(c-\gamma)^2},$$

$$x=\frac{a\,[\theta^2+\beta y-\beta^2-(K-\gamma)\,(K'-c)]\mp(c-\gamma)\,R}{a^2+(c-\gamma)^2},$$

$$\begin{aligned}R&=\pm\,[(c-\gamma)\,x-a\,(z-\gamma)]\\&=\sqrt{[a^2+(c-\gamma)^2]\,[\theta^2-(y-\beta)^2]-[\theta^2+\beta y-\beta^2-(K-\gamma)\,(K'-c)]^2}.\end{aligned}$$

Nous ferons observer qu'en raison de ce que

$$r^2-a^2-(c-\gamma)^2=-\theta^2+\beta^2+2\,(K-\gamma)\,(K'-c)$$

l'on a

$$\begin{aligned}R^2&=[a^2+(c-\gamma)^2]\,[\theta^2-(y-\beta)^2]-[\theta^2+\beta y-\beta^2-(K-\gamma)\,(K'-c)]^2\\&=r^2\,[\theta^2-(y-\beta)^2]-\theta^2y^2+2y\,(y-\beta)\,(K-\gamma)\,(K'-c)-(K-\gamma)^2\,(K'-c)^2\\&=-y^2\,[r^2+\theta^2-2\,(K-\gamma)(K'-c)]+2\beta y\,[r^2-(K-\gamma)(K'-c)]+r^2(\theta^2-\beta^2)-(K-\gamma)^2\,(K'-c)^2\\&=-\,[r^2+\theta^2-2\,(K-\gamma)\,(K'-c)]\left[y-\beta\,\frac{r^2-(K-\gamma)\,(K'-c)}{r^2+\theta^2-2\,(K-\gamma)\,(K'-c)}\right]^2\\&\quad+\frac{[a^2+(c-\gamma)^2]\,[\theta^2r^2-(K-\gamma)^2\,(K'-c)^2]}{r^2+\theta^2-2\,(K-\gamma)\,(K'-c)}\end{aligned}$$

et

$$R^2\theta^2=[\theta^2-(y-\beta)^2]\,[r^2\theta^2-(K-\gamma)^2\,(K'-c)^2]-[\theta^2y-(y-\beta)\,(K-\gamma)\,(K'-c)]^2,$$

on trouve, réduction faite,

$$\begin{aligned}R^2\,ds^2=dy^2\,[r^2\,\theta^2-(K-\gamma)^2\,(K'-c)^2]-2dy\,[(x-a)\,da\\+(z-c)\,dc+rdr]\,\{(y-\beta)\,[\theta^2-(K-\gamma)\,(K'-c)]+\theta^2\beta\}\\+[\theta^2-(y-\beta)^2]\,[(x-a)\,da+(z-c)\,dc+rdr]^2,\end{aligned}$$

et par là l'équation différentielle devient

$$\begin{aligned}&R^2\,[(x-a)\,da+(z-c)\,dc+rdr]^2\\&\quad=[r^2-n^2\,(K'-c)^2]\left\{\begin{aligned}&dy^2\,[r^2\,\theta^2-(K-\gamma)^2(K'-c)^2]-2dy\,[(x-a)\,da+(z-c)\,dc\\&\quad+rdr]\,[(y-\beta)\,\{\theta^2-(K-\gamma)\,(K'-c)\}+\beta\,\theta^2]\\&\quad+[\theta^2-(y-\beta)^2]\,[(x-a)\,da+(z-c)dc+rdr]^2\end{aligned}\right\},\end{aligned}$$

d'où

$$\Theta[(x-a)\,da+(z-c)\,dc+r\,dr]^2-2dy\,[(x-a)\,da+(z-c)\,dc$$
$$+r\,dr]\,[r^2-n^2(K'-c)^2]\{(y-\beta)[\theta^2-(K-\gamma)(K'-c)]+\theta^2\beta\}$$
$$+[r^2-n^2(K'-c)^2]\,[r^2\theta^2-(K-\gamma)^2(K'-c)^2]\,dy^2=0,$$

en posant

$$\Theta=[r^2-a^2-(c-\gamma)^2-n^2(K'-c)^2][\theta^2-(y-\beta)^2]+[\theta^2+\beta y-\beta^2-(K-\gamma)(K'-c)]^2$$
$$=\theta^2y^2-2y(y-\beta)(K-\gamma)(K'-c)+(K-\gamma)^2(K'-c)^2-n^2(K'-c)^2[\theta^2-(y-\beta)^2].$$

De là

$$\Theta\left\{(x-a)\,da+(z-c)\,dc+r\,dr-dy\,\frac{[r^2-n^2(K'-c)^2]\{(y-\beta)[\theta^2-(K-\gamma)(K'-c)]+\theta^2\beta\}}{\Theta}\right\}^2$$
$$=dy^2\,\frac{(K'-c)^2[n^2\theta^2-(K-\gamma)^2][r^2-n^2(K'-c)^2]\,R^2}{\Theta},$$

$$(x-a)\,da+(z-c)\,dc+r\,dr-dy\,\frac{[r^2-n^2(K'-c)^2]\,[\theta^2y-(y-\beta)(K-\gamma)(K'-c)]}{\Theta}$$
$$=dy\,\frac{(K'-c)\,\sqrt{r^2-n^2(K'-c)^2}\,\sqrt{n^2\theta^2-(K-\gamma)^2}\,R}{\Theta}$$

ce qui mène à l'équation

$$\frac{[a\,da+(c-\gamma)\,dc]\,[\theta^2+\beta y-\beta^2-(K-\gamma)(K'-c)]}{[a^2+(c-\gamma)^2]\,R}-\frac{(K-\gamma)\,dc}{R}$$
$$-\frac{[r^2-n^2(K'-c)^2]\,[\theta^2y-(y-\beta)(K-\gamma)(K'-c)]}{\Theta R}\,dy$$
$$-\frac{(K'-c)\,\sqrt{n^2\theta^2-(K-\gamma)^2}\,\sqrt{r^2-n^2(K'-c)^2}}{\Theta}\,dy\mp\frac{(c-\gamma)\,da-a\,dc}{a^2+(c-\gamma)^2}=0,$$

ou par l'introduction d'un facteur

$$\frac{[a\,da+(c-\gamma)\,dc][\theta^2+\beta y-\beta^2-(K-\gamma)(K'-c)]\sqrt{r^2-a^2-(c-\gamma)^2-n^2(K'-c)^2}}{[a^2+(c-\gamma)^2]\;R\;\sqrt{r^2-n^2(K'-c)^2}}$$
$$-\frac{(K-\gamma)\,dc\,\sqrt{r^2-a^2-(c-\gamma)^2-n^2(K'-c)^2}}{R\,\sqrt{r^2-n^2(K'-c)^2}}$$
$$-\frac{\sqrt{r^2-a^2-(c-\gamma)^2-n^2(K'-c)^2}\,\sqrt{r^2-n^2(K'-c)^2}\,[\theta^2y-(y-\beta)(K-\gamma)(K'-c)]}{\Theta\,R}\,dy$$

$$-\frac{(K'-c)\sqrt{n^2\theta^2-(K-\gamma)^2}\sqrt{r^2-a^2-(c-\gamma)^2-n^2(K'-c)^2}}{\theta}dy$$

$$=\pm\frac{[(c-\gamma)da-adc]\sqrt{r^2-a^2-(c-\gamma)^2-n^2(K'-c)^2}}{[a^2+(c-\gamma)^2]\sqrt{r^2-n^2(K'-c)^2}}.$$

87. En se reportant au § 43, on peut induire que l'intégrale du terme

$$dU=-\frac{\sqrt{r^2-n^2(K'-c)^2}\sqrt{r^2-a^2-(c-\gamma)^2-n^2(K'-c)^2}\,[\theta^2 y-(y-\beta)(K-\gamma)(K'-c)]}{\theta R}dy,$$

considéré comme fonction de y seul, est

$$-\text{arc tang}\,\frac{\sqrt{r^2-n^2(K'-c)^2}}{\sqrt{r^2-a^2-(c-\gamma)^2-n^2(K'-c)^2}}\;\frac{\beta y+\theta^2-\beta^2-(K-\gamma)(K'-c)}{R}.$$

C'est à quoi l'on aboutit aisément par le procédé qui suit

$$\frac{dU_1}{\sqrt{r^2-a^2-(c-\gamma)^2-n^2(K'-c)^2}}=-\frac{1}{2}\,\frac{\dfrac{\theta^2 y-(y-\beta)(K-\gamma)(K'-c)}{\sqrt{\theta^2-(y-\beta^2)}}}{R\left[\sqrt{r^2-n^2(K'-c)^2}\sqrt{\theta^2-(y-\beta)^2}-R\right]}dy$$

$$+\frac{1}{2}\,\frac{\dfrac{\theta^2 y-(y-\beta)(K-\gamma)(K'-c)}{\sqrt{\theta^2-(y-\beta)^2}}}{-R\left[\sqrt{r^2-n^2(K'-c)^2}\sqrt{\theta^2-(y-\beta)^2}+R\right]}dy.$$

Qu'on fasse

$$\theta^2+\beta y-\beta^2-(K-\gamma)(K'-c)=\sqrt{a^2+(c-\gamma)^2}\sqrt{\theta^2-(y-\beta)^2}\,u,$$

d'où

$$R^2=[a^2+(c-\gamma)^2][\theta^2-(y-\beta)^2](1-u^2),$$

$$\beta dy=-\frac{(y-\beta)[\theta^2+\beta y-\beta^2-(K-\gamma)(K'-c)]}{\theta^2-(y-\beta)^2}dy+\sqrt{a^2+(c-\gamma)^2}\sqrt{\theta^2-(y-\beta)^2}du,$$

$$[\theta^2 y-(y-\beta)(K-\gamma)(K'-c)]dy=\sqrt{a^2+(c-\gamma)^2}\left[\theta^2-(y-\beta)^2\right]^{\frac{3}{2}}du,$$

il vient

$$dU_1=-\frac{1}{2}\,\frac{du\sqrt{r^2-a^2-(c-\gamma)^2-n^2(K'-c)^2}}{\sqrt{1-u^2}\left[\sqrt{r^2-n^2(K'-c)^2}-\sqrt{1-u^2}\sqrt{a^2+(c-\gamma)^2}\right]}$$

$$+\frac{1}{2}\,\frac{du\sqrt{r^2-a^2-(c-\gamma)^2-n^2(K'-c)^2}}{-\sqrt{1-u^2}\left[\sqrt{r^2-n^2(K'-c)^2}+\sqrt{1-u^2}\sqrt{a^2+(c-\gamma)^2}\right]},$$

Si l'on prend

$$\sqrt{1-u^2}=1-uv,\quad \text{d'où}\quad du=\frac{2(1-v^2)dv}{(1+v^2)^2},\qquad \sqrt{1-u^2}=\frac{1-v^2}{1+v^2},$$

on a

$$dU_1=-\frac{dv\sqrt{r^2-a^2-(c-\gamma)^2-n^2(K'-c)^2}}{\sqrt{r^2-n^2(K'-c)^2}\,(1+v^2)-\sqrt{a^2+(c-\gamma)^2}(1-v^2)}$$

$$-\frac{dv\sqrt{r^2-a^2-(c-\gamma)^2-n^2(K'-c)^2}}{\sqrt{r^2-n^2(k'-c)^2}\,(1+v^2)+\sqrt{a^2+(c-\gamma)^2}\,(1-v^2)},$$

d'où

$$U_1=-\operatorname{arc\,tang}\frac{u\sqrt{r^2-n^2(K'-c)^2}}{\sqrt{1-u^2}\sqrt{r^2-a^2-(c-\gamma)^2-n^2(K'-c)^2}}$$

$$=-\operatorname{arc\,tang}\frac{\sqrt{r^2-n^2(K'-c)^2}\,[\theta^2+\beta y-\beta^2-(K-\gamma)(K'-c)]}{R\sqrt{r^2-a^2-(c-\gamma)^2-n^2(K'-c)^2}}.$$

La différentielle complète de U_1, comme fonction de a et de y, est

$$dU_1=-dy\frac{\sqrt{r^2-n^2(K'-c)^2}\sqrt{r^2-a^2-(c-\gamma)^2-n^2(K'-c)^2}\,[\theta^2 y-(y-\beta)(K-\gamma)(K'-c)]}{R\Theta}$$

$$+\frac{[ada+(c-\gamma)dc]\,[\theta^2+\beta y-\beta^2-(K-\gamma)(K'-c)]\sqrt{r^2-a^2-(c-\gamma)^2-n^2(K'-c)^2}}{R\,[a^2+(c-\gamma)^2]\sqrt{r^2-n^2(K'-c)^2}}$$

$$-\frac{(K-\gamma)\,dc\sqrt{r^2-a^2-(c-\gamma)^2-n^2(K'-c)^2}}{R\sqrt{r^2-n^2(K'-c)^2}}$$

$$\cdot Rdc\,\frac{n^2(K'-c)[\theta^2+\beta y-\beta^2-(K-\gamma)(K'-c)]-(K-\gamma)[r^2-a^2-(c-\gamma)^2-n^2(K'-c)^2+\theta^2+\beta y-\beta^2-(K-\gamma)(K'-c)]}{\sqrt{r^2-a^2-(c-\gamma)^2-n^2(K'-c)^2}\sqrt{r^2-n^2(K'-c)^2}\,\Theta}.$$

L'intégrale du terme

$$-dy\frac{(K'-c)\sqrt{n^2\theta^2-(K-\gamma)^2}\sqrt{r^2-a^2-(c-\gamma)^2-n^2(K'-c)^2}}{\Theta}$$

est

$$U_2=-\operatorname{arctang}\frac{[\theta^2-(K-\gamma)(K'-c)]\,y-(y-\beta)(K'-c)\,[K-\gamma-n^2(K'-c)]}{(K'-c)\sqrt{n^2\theta^2-(K-\gamma)^2}\sqrt{r^2-a^2-(c-\gamma)^2-n^2(K'-c)^2}},$$

et la différentielle complète de cette intégrale est

$$dU_2 = -dy\frac{(K'-c)\sqrt{n^2\theta^2-(K-\gamma)^2}\sqrt{r^2-a^2-(c-\gamma)^2-n^2(K'-c)^2}}{\theta} - dc\frac{\sqrt{n^2\theta^2-(K-\gamma)^2}}{\sqrt{r^2-a^2-(c-\gamma)^2-n^2(K'-c)^2}}$$
$$\frac{+\beta[\theta^2\beta y-(K-\gamma)^2)(K'-c)^2-n^2(K'-c)^2(\theta^2+\beta y-\beta^2)]-y[\theta^2-(K-\gamma)(K'-c)][\theta^2-2(K-\gamma)(K'-c)+n^2(K'-c)^2]}{\theta[\theta^2-2(K-\gamma)(K'-c)+n^2(K'-c)^2]}.$$

La différentielle complète de $U_1 + U_2$ reproduit ainsi le premier membre de l'équation différentielle avec deux autres termes qui ne se détruisent pas, ni ne se réduisent à une expression indépendante de y. Par conséquent le premier membre n'est plus la différentielle d'une fonction de y et de a; de sorte qu'une pareille fonction n'est pas ici égale à l'intégrale du second membre, ni à cette intégrale compliquée d'un terme indépendant de y.

88. L'équation différentielle que nous venons d'examiner, s'obtient sous une autre forme qui est à remarquer, quand on procède autrement que nous ne l'avons fait à partir de l'équation

$$[r^2 - n^2(K'-c)^2][r^2\theta^2 - (K-\gamma)^2(K'-c)^2]\,dy^2 - 2[(x-a)\,da + (z-c)\,dc + rdr]$$
$$[r^2 - n^2(K'-c)^2][\theta^2 y - (y-\beta)(K-\gamma)(K'-c)] + \theta[(x-a)\,da + (z-c)\,dc + rdr]^2 = 0.$$

Cette équation peut se transformer en

$$[r^2-n^2(K'-c)^2][r^2\theta^2-(K-\gamma)^2(K'-c)^2]\left\{dy - \frac{\theta^2 y-(y-\beta)(K-\gamma)(K'-c)}{r^2\theta^2-(K-\gamma)^2(K'-c)^2}[(x-a)da+(z-c)\,dc+rdr]\right\}^2$$
$$= \frac{(K'-c)^2[n^2\theta^2-(K-\gamma)^2]R^2}{r^2\theta^2-(K-\gamma)^2(K'-c)^2}[(x-a)\,da+(z-c)\,dc+rdr]^2;$$

d'où

$$dy - [(x-a)\,da + (z-c)\,dc + rdr]\frac{\theta^2 y-(y-\beta)(K-\gamma)(K'-c)}{r^2\theta^2-(K-\gamma)^2(K'-c)^2}$$
$$= \frac{(K'-c)R\sqrt{n^2\theta^2-(K-\gamma)^2}}{\sqrt{r^2\theta^2-(K-\gamma)^2(K'-c)^2}}[(x-a)\,da+(z-c)\,dc+rdr],$$

et de là

$$-\frac{r^2\theta^2-(K-\gamma)^2(K'-c)^2}{R\left\{\sqrt{r^2-n^2(K'-c)^2}\,[\theta^2 y-(y-\beta)(K-\gamma)(K'-c)]+R(K'-c)\sqrt{n^2\theta^2-(K-\gamma)^2}\right\}}dy$$
$$+\frac{[ada+(c-\gamma)\,dc][\theta^2+\beta y-\beta^2-(K-\gamma)(K'-c)]}{R[a^2+(c-\gamma)^2]\sqrt{r^2-n^2(K'-c)^2}} - \frac{(K-\gamma)\,dc}{R\sqrt{r^2-n^2(K'-c)^2}}$$
$$\mp\frac{(c-\gamma)\,da - adc}{[a^2+(c-\gamma)^2]\sqrt{r^2-n^2(K'-c)^2}} = 0.$$

Nous retrouvons les mêmes termes, à cela près que les deux termes en dy se sont fondus en un seul. L'identité se vérifie en constatant que l'on a

$$\frac{1}{\sqrt{r^2-n^2(K'-c)^2}\,[\theta^2 y-(y-\beta)(K-\gamma)(K'-c)]+R(K'-c)\sqrt{n^2\theta^2-(K^2-\gamma)^2}}$$

$$=\frac{\sqrt{r^2-n^2(K'-c)^2}\,[\theta^2 y-(y-\beta)(K-\gamma)(K'-c)]-R(K'-c)\sqrt{n^2\theta^2-(K-\gamma)^2}}{\theta\{r^2\theta^2-(K-\gamma)^2(K'-c)^2\}}.$$

89. N'ayant pas, comme on le voit, une équation différentielle qui se présente dans des conditions analogues à celles qui se sont rencontrées au chapitre II, ou dans le cas précédent du chapitre III, nous allons traiter les équations mêmes du § 85 par une voie moins directe, en faisant dépendre la question des résultats obtenus au chapitre II (2ᵉ cas).

Les premières sphères ont des points communs donnés par

$$x=0,\quad z=K,\quad y=\pm\sqrt{2K_1-K^2};$$

les secondes des points donnés par

$$y=0\quad z=K',\quad x=\pm\sqrt{2K_2-K'^2}.$$

Vu que l'on a

$$K'^2-2K_2=(K'-K)^2+2K_1-K^2,$$
$$K^2-2K_1=(K-K')^2+2K_2-K'^2,$$

si $2K_1-K^2$ est >0, il s'ensuit $2K_2-K'^2<0$, et vice versâ; mais on peut avoir à la fois $2K_1-K^2<0$ et $2K_2-K'^2<0$. D'après quoi, quand les points communs sont réels dans l'une des séries de sphères, ils sont imaginaires dans l'autre, mais ils peuvent être imaginaires de part et d'autre.

90. Supposons que les premières sphères aient leurs points communs réels. Transportons l'origine en celui de ces points dont les coordonnées sont

$$x=0,\quad z=K,\quad y=\sqrt{2K_1-K^2},$$

Les premières équations (1) et (2) deviendront

$$x_1^2+y_1^2+z_1^2-2ax_1+2y_1\sqrt{2K_1-K^2}+2z_1(K-c)=0,\quad x_1^2+y_1^2+2y_1\left(\sqrt{2K_1-K^2}-\beta\right)$$
$$+2z_1(K-\gamma)+\left(\sqrt{2K_1-K^2}-\beta\right)^2+(K-\gamma)^2-\theta^2=0.$$

Faisons une transformation par rayons vecteurs réciproques, en posant

$$x_1 = \frac{MX}{X^2+Y^2+Z^2}, \quad y_1 = \frac{MY}{X^2+Y^2+Z^2}, \quad z_1 = \frac{MZ}{X^2+Y^2+Z^2};$$

la première équation se change en

$$\frac{M}{2} - aX + Y\sqrt{2K_1 - K^2} + Z(K-c) = 0,$$

la seconde en

$$X^2 + Y^2 + Z^2 + 2M \frac{\sqrt{2K_1 - K^2} - \beta}{(\sqrt{2K_1 - K^2} - \beta)^2 + (K-\gamma)^2 - \theta^2} Y$$

$$+ 2M \frac{K-\gamma}{(\sqrt{2K_1 - K^2} - \beta)^2 + (K-\gamma)^2 - \theta^2} Z + \frac{M^2}{(\sqrt{2K_1 - K^2} - \beta)^2 + (K-\gamma)^2 - \theta^2} = 0.$$

Cherchons le lieu des centres des sphères représentées par cette dernière équation. On a pour ce centre

$$X = 0, \quad Y = -M \frac{\sqrt{2K_1 - K^2} - \beta}{(\sqrt{2K_1 - K^2} - \beta)^2 + (K-\gamma)^2 - \theta^2},$$

$$Z = -M \frac{K-\gamma}{(\sqrt{2K_1 - K^2} - \beta)^2 + (K-\gamma)^2 - \theta^2};$$

d'où

$$X = 0, \quad \frac{\sqrt{2K_1 - K^2} - \beta}{Y} = \frac{K-\gamma}{Z} = \frac{(\sqrt{2K_1 - K^2} - \beta)^2 + (K-\gamma)^2 - \theta^2}{-M}$$

$$= \frac{2\sqrt{2K_1 - K^2}\,(\sqrt{2K_1 - K^2} - \beta) - 2(K'-K)(K-\gamma)}{-M}$$

$$= \frac{0}{-M - 2\sqrt{2K_1 - K^2}\,Y + 2(K'-K)Z},$$

de sorte que, pour le lieu des centres

$$X = 0, \quad Y\sqrt{2K_1 - K^2} - (K'-K)Z + \frac{M}{2} = 0.$$

Les plans en lesquels se sont transformées les premières sphères ont un point commun donné par

$$X = 0, \quad Z = 0, \quad Y = -\frac{M}{2\sqrt{2K_1 - K^2}}.$$

Ce point appartient à la droite que nous venons de trouver.

Portons-y l'origine; il viendra pour l'équation des plans

$$-aX_1+Y_1\sqrt{2K_1-K^2}+Z_1(K-c)=0,$$

et pour celle des sphères

$$X_1^2+Y_1^2+Z_1^2+MY_1\frac{(K'-K)(K-\gamma)}{K_1-K_2-\beta\sqrt{2K_1-K^2}+(K'-K)\gamma}+MZ_1\frac{K-\gamma}{K_1-K_2-\beta\sqrt{2K_1-K^2}+(K'-K)\gamma}$$

$$+M^2\frac{K_1-K_2+\beta\sqrt{2K_1-K^2}+(K'-K)\gamma}{4(2K_1-K^2)\left[K_1-K_2-\beta\sqrt{2K_1-K^2}+(K'-K)\gamma\right]}=0.$$

Faisons maintenant tourner l'axe des Y_1 et celui du Z_1 de façon que le nouvel axe des Z soit la droite qui est le lieu des centres des secondes sphères; les formules de transformation seront

$$X_1=X_2,\quad Y_1=\frac{Y_2\sqrt{2K_1-K^2}+(K'-K)Z_2}{\sqrt{K'^2-2K_2}},\qquad Z_1=\frac{-Y_2(K'-K)+Z_2\sqrt{2K_1-K^2}}{\sqrt{K'^2-2K_2}},$$

et les deux équations deviendront

$$\frac{a\sqrt{K'^2-2K_2}}{(K'-c)\sqrt{2K_1-K^2}}X_2-\frac{K_1-K_2+(K'-K)c}{(K'-c)\sqrt{2K_1-K^2}}Y_2=Z_2,$$

$$X_2^2+Y_2^2+\left(Z_2+\frac{M}{2}\frac{\sqrt{K'^2-2K_2}}{\sqrt{2K_1-K^2}}\frac{K-\gamma}{K_1-K_2-\beta\sqrt{2K_1-K^2}+(K'-K)\gamma}\right)^2$$

$$-\frac{M^2}{4}\frac{\theta^2}{\left[K_1-K_2-\beta\sqrt{2K_1-K^2}+(K'-K)\gamma\right]^2}=0.$$

91. Les équations relatives au 3ᵉ cas, ch. II, s'écrivant comme il suit :

$$a'x+b'y=z,\qquad x^2+y^2+(z-\gamma')^2=\theta'^2,$$

$$a'p+b'q+1=-m'\sqrt{1+p^2+q^2},\qquad -px-qy+z-\gamma'=\frac{\gamma'}{m'}\sqrt{1+p^2+q^2},$$

et l'intégrale qui s'y rapporte étant,

supposé $\quad m'^2<1,$

$$V = \mp \frac{1}{\sqrt{1-m'^2}} \operatorname{arctg} \frac{z\sqrt{a'^2+b'^2+1-m'^2}}{\sqrt{1-m'^2}\,(b'x-a'y)} + \frac{1}{\sqrt{1-m'^2}} \operatorname{arc\,tang} \frac{m'^2(z-\gamma')+\gamma'}{\sqrt{1-m'^2}\,\sqrt{m'^2\theta'^2-\gamma'^2}}$$

$$-\int \frac{d\gamma'}{\sqrt{m'^2\theta'^2-\gamma'^2}} \pm \int \frac{b'da'-a'db'}{(a'^2+b'^2)\sqrt{a'^2+b'^2+1-m'^2}} = 0,$$

les équations qui précèdent s'identifient aux premières, si l'on pose

$$a' = \frac{a\sqrt{K'^2-2K_2}}{(K'-c)\sqrt{2K_1-K^2}}, \quad b' = -\frac{K_1-K_2+(K'-K)c}{(K'-c)\sqrt{2K_1-K^2}}, \quad \gamma' = -\frac{M}{2}\frac{\sqrt{K'^2-2K_2}}{\sqrt{2K_1-K^2}}$$

$$\frac{K-\gamma}{K_1-K_2-\beta\sqrt{2K_1-K^2}+(K'-K)\gamma}, \quad \theta'^2 = \frac{M^2}{4}\,\frac{\theta^2}{[K_1-K_2-\beta\sqrt{2K_1-K^2}+(K'-K)\gamma]^2},$$

et l'on aura pour l'intégrale correspondante

$$V_2 = \mp \frac{1}{\sqrt{1-m'^2}} \operatorname{arc\,tang} \frac{Z_2\sqrt{a'^2+b'^2+1-m'^2}}{\sqrt{1-m'^2}(b'X_2-a'Y_2)}$$

$$+\frac{1}{\sqrt{1-m'^2}} \operatorname{arc\,tang} \frac{m'^2(Z_2-\gamma')+\gamma'}{\sqrt{1-m'^2}\sqrt{m'^2\theta'^2-\gamma'^2}} - \int \frac{d\gamma'}{\sqrt{m'^2\theta'^2-\gamma'^2}} \pm \int \frac{b'da'-a'db'}{(a'^2+b'^2)\sqrt{a'^2+b'^2+1-m'^2}} = 0.$$

92. On sait que dans la transformation par rayons vecteurs réciproques, l'angle sur lequel se coupent deux surfaces en un point ne change pas. C'est pourquoi l'on a

$$\cos(\theta, N) = \cos(\theta', N')$$

ou

$$\frac{\gamma'}{m'\theta'} = \frac{\gamma-K}{n\theta}, \quad \text{d'où} \quad m' = \frac{n\theta\gamma'}{\theta'(\gamma-K)} = \frac{n\sqrt{K'^2-2K_2}}{\sqrt{2K_1-K^2}};$$

par suite il vient

$$1-m'^2 = \frac{2K_1-K^2-n^2(K'^2-2K_2)}{2K_1-K^2}, \quad a'^2+b'^2 = \frac{a^2(K'^2-2K_2)+[K_1-K_2+(K'-K)c]^2}{(K'-c)^2\,(2K_1-K^2)},$$

$$a'^2+b'^2+1-m'^2 = \frac{K'^2-2K_2}{2K_1-K^2}\;\frac{r^2-n^2(K'-c)^2}{(K'-c)^2},$$

$$m'^2\theta'^2-\gamma'^2 = \frac{M^2}{4}\;\frac{K'^2-2K_2}{2K_1-K^2}\;\frac{n^2\theta^2-(K-\gamma)^2}{[K_1-K_2-\beta\sqrt{2K_1-K^2}+(K'-K)\gamma]^2},$$

$$\frac{d\gamma'}{\sqrt{m'^2\theta'^2-\gamma'^2}}=-\frac{\sqrt{2K_1-K^2}}{\sqrt{n^2\theta^2-(K-\gamma)^2}}\frac{(\beta-\sqrt{2K_1-K^2})d\gamma+(K-\gamma)\,d\beta}{[K_1-K_2-\beta\sqrt{2K_1-K^2}+(K'-K)\gamma]},$$

$$\frac{b'da'-a'db'}{(a'^2+b'^2)\sqrt{a'^2+b'^2+1-m'^2}}$$

$$=(K'-c)\frac{\sqrt{2K_1-K^2}}{\sqrt{r'^2-n^2(K'-c)^2}}\frac{(K'-K)\,[adc-(c-\gamma)\,da]-[(K'-K)\gamma+K_1-K_2]\,da}{a^2(K'^2-2K_2)+[K_1-K_2+(K'-K)\,c]^2}.$$

Mais d'autre part on a

$$Z_2=\frac{(K'-K)\,Y_1+\sqrt{2K_1-K^2}Z_1}{\sqrt{K'^2-2K_2}}=\frac{(K'-K)\,Y+\sqrt{2K_1-K^2}\,Z}{\sqrt{K'^2-2K_2}}+\frac{M}{2}\frac{K'-K}{\sqrt{K'^2-2K_2}\ \sqrt{2K_1-K^2}}$$

$$=\frac{M}{2}\frac{(K'-K)[x^2+y^2+(z-K)^2]+(2z-K'-K)\,(2K_1-K^2)}{\sqrt{K'^2-2K_2}\ \sqrt{2K_1-K^2}\ \left[x^2+\left(y-\sqrt{2K_1-K^2}\right)^2+(z-K)^2\right]}$$

$$=\frac{M}{2}\frac{\beta y\,(K'-K)+(z-K')\,[(K'-K)\,\gamma+K_1-K_2]}{\sqrt{K'^2-2K_2}\,\sqrt{2K_1-K^2}\left[\beta y+(K-\gamma)\,(K'-z)-y\sqrt{2K_1-K^2}\right]},$$

$$X_2=\frac{M}{2}\frac{x}{\beta y+(K-\gamma)(K'-z)-y\sqrt{2K_1-K^2}},$$

$$Y_2=\frac{M}{2}\frac{\beta y+(K'-\gamma)(K'-z)-(K'^2-2K_2)}{\sqrt{K'^2-2K_2}\left[\beta y+(K-\gamma)\,(K'-z)-y\sqrt{2K_1-K^2}\right]}.$$

Il en résulte

$$b'X_2-a'Y_2=-\frac{M}{2}\frac{a\,[\beta y+(K-\gamma)\,(K'-z)-(K'^2-2K_2)]+x\,[K_1-K_2+(K'-K)c]}{(K'-c)\sqrt{2K_1-K^2}\left[\beta y+(K-\gamma)(K'-z)-y\sqrt{2K_1-K^2}\right]},$$

$$\frac{Z_2\sqrt{a'^2+b'^2+1-m'^2}}{\sqrt{1-m'^2}(b'X_2-a'Y_2)}$$

$$=-\frac{\sqrt{r^2-n^2(K'-c)^2}}{\sqrt{2K_1-K^2-n^2(K'^2-2K_2)}}\frac{\beta y\,(K'-K)-(K'-z)\,[(K'-K)\,\gamma+K_1-K_2]}{a[\beta y+(K'-\gamma)(K'-z)-(K'^2-2K_2)]+x\,[K_1-K_2+(K'-K)c]},$$

$$\frac{m'^2(Z_2-\gamma)+\gamma'}{\sqrt{1-m'^2}\ \sqrt{m'^2\theta'^2-\gamma'^2}}=\frac{1}{\sqrt{n^2\theta^2-(K-\gamma)^2}}$$

$$\left(n^2\frac{\left[K_1-K_2+(K'-K)\,\gamma-\beta\sqrt{2K_1-K^2}\right]\left[\beta y(K'-K)-(K'-z)\{K_1-K_2+(K'-K)\gamma\}\right]}{\sqrt{2K_1-K^2}\sqrt{2K_1-K^2-n^2(K'^2-2K_2)}\left[\beta y+(K-\gamma)\,(K'-z)-y\sqrt{2K_1-K^2}\right]}\right.$$
$$\left.-\frac{(K-\gamma)\sqrt{2K_1-K^2-n^2(K'^2-2K_2)}}{\sqrt{2K_1-K^2}}\right)$$

D'après cela, nous avons pour l'intégrale

$$V_2 = \pm \frac{1}{\sqrt{2K_1 - K^2 - n^2(K'^2 - 2K_2)}} \text{ arc tang } \frac{\sqrt{r^2 - n^2(K'-c)^2}}{\sqrt{2K_1 - K^2 - n^2(K'^2 - 2K_2)}}$$

$$\frac{\beta y(K'-K) - (K'-z)[(K'-K)\gamma + K_1 - K_2]}{a[\beta y + (K'-\gamma)(K'-z) - (K'^2 - 2K_2)] + x[K_1 - K_2 + (K'-K)c]}$$

$$+ \frac{1}{2\sqrt{2K_1 - K^2 - n^2(K'^2 - 2K_2)}} \text{ arc tang } \frac{1}{\sqrt{n^2\theta^2 - (K-\gamma)^2}}$$

$$\left\{ n^2 \frac{\left[K_1 - K_2 + (K'-K)\gamma - \beta\sqrt{2K_1 - K^2}\right]\left[\beta y(K'-K) - (K'-z)\{K_1 - K_2 + (K'-K)\gamma\}\right]}{\sqrt{2K_1 - K^2}\sqrt{2K_1 - K^2 - n^2(K'^2 - 2K_2)}\left[\beta y + (K-\gamma)(K'-z) - y\sqrt{2K_1 - K^2}\right]} - \frac{(K-\gamma)\sqrt{2K_1 - K^2 - z^2(K'^2 - 2K_2)}}{\sqrt{2K_1 - K^2}} \right\}$$

$$+ \int \frac{\left(\beta - \sqrt{2K_1 - K^2}\right)d\gamma + (K-\gamma)\,d\beta}{\sqrt{n^2\theta^2 - (K-\gamma)^2}\left[K_1 - K_2 + (K'-K)\gamma - \beta\sqrt{2K_1 - K^2}\right]}$$

$$\pm \int \frac{K'-c}{\sqrt{r^2 - n^2(K'-c)^2}} \frac{(K'-K)[a\,dc - (c-\gamma)\,da] - [K_1 - K_2 + (K'-K)\gamma]\,da}{a^2(K'^2 - 2K_2) + [K_1 - K_2 + (K'-K)c]^2} = 0.$$

93. Cette expression de V_2 dépend de $\sqrt{2K_1 - K^2}$ par le 2e et le 3e termes. Si l'origine se portait d'abord au second point commun aux premières sphères, le signe de ce radical changerait. De là une nouvelle expression de V_2, ou plutôt une nouvelle équation équivalant à la précédente. En prenant leur demi-somme, on obtient

$$V = \pm \frac{1}{\sqrt{2K_1 - K^2 - n^2(K'^2 - 2K_2)}} \text{ arc tang } \frac{\sqrt{r^2 - n^2(K'-c)^2}}{\sqrt{2K_1 - K^2 - n^2(K'^2 - 2K_2)}}$$

$$\frac{\beta y(K'-K) - (K'-z)[K_1 - K_2 + (K'-K)\gamma]}{a[\beta y + (K'-\gamma)(K'-z) - (K'^2 - 2K_2)] + x[K_1 - K_2 + (K'-K)c]}$$

$$+ \frac{1}{2}\frac{1}{\sqrt{2K_1 - K^2 - n^2(K'^2 - 2K_2)}} \text{ arc tang} \ldots\ldots$$

$$+ \int \frac{[\beta d\gamma + (K-\gamma)d\beta[K_1 - K_2 + \gamma(K'-K)] - \beta(2K_1 - K^2)d\gamma}{\sqrt{n^2\theta^2 - (K-\gamma)^2}\left\{[K_1 - K_2 - \gamma(K'-K)]^2 - \beta^2(2K_1 - K^2)\right\}}$$

$$\pm \int \frac{K'-c}{\sqrt{r^2 - n^2(K'-c)^2}} \frac{(K'-K)[a\,dc - (c-\gamma)\,da] - [K_1 - K_2 + \gamma(K'-K)]\,da}{a^2(K'^2 - 2K_2) + [K_1 - K_2 + (K'-K)c]^2} = 0.$$

L'avant-dernier terme peut là se mettre sous la forme

$$+\int\frac{K-\gamma}{\sqrt{n^2\theta^2-(K-\gamma)^2}}\;\frac{-\beta(K'-K)d\gamma+[K_1-K_2+(K'-K)\gamma]\,d\beta}{[K_1-K_2+\gamma(K'-K)]^2-\beta^2(2K_1-K^2)}$$

et le dernier est

$$\pm\int\frac{K'-c}{\sqrt{r^2-n^2(K'-c)^2}}\;\frac{adc(K'-K)-[K_1-K_2+c(K'-K)]\,da}{[K_1-K_2+c(K'-K)]^2-a^2(2K_2-K'^2)},$$

94. Vu la symétrie des équations (1) et (2), nous obtiendrons, par le changement

de $\quad x,\ y,\ z,\quad a,\ c,\ r,\quad n,\ K',\ K_1$

en $\quad y,\ x,\ z,\quad \beta,\ \gamma,\ \theta,\quad \frac{1}{n},\ K,\ K_2$ et *vice versâ*,

une intégrale équivalente à celle-là, à savoir

$$V'=\pm\frac{1}{\sqrt{2K_1-K^2-n^2(K'^2-2K_2)}}\operatorname{arc\,tang}\frac{\sqrt{n^2\theta^2-(K-\gamma)^2}}{\sqrt{2K_1-K^2-n^2(K'^2-2K_2)}}$$
$$\frac{ax(K-K')-(K-z)[K_2-K_1+(K-K')c}{\beta[ax+(K-c)(K-z)-(K^2-2K_1)]+y[K_2-K_1+\gamma(K-K')]}$$
$$+\frac{1}{2}\frac{1}{\sqrt{2K_1-K^2-n^2(K'^2-2K_2)}}\operatorname{arc\,tang}\ldots..$$
$$+\int\frac{K'-c}{\sqrt{r^2-n^2(K'-c)^2}}\;\frac{adc(K'-K)-[K_1-K_2+(K'-K)c]da}{[K_1-K_2+(K'-K)c]^2-a^2(2K_2-K'^2)}$$
$$\pm\int\frac{K-\gamma}{\sqrt{n^2\theta^2-(K-\gamma)^2}}\;\frac{-\beta d\gamma(K'-K)+[K_1-K_2+\gamma(K'-K)]\,d\beta}{[K_1-K_2+\gamma(K'-K)]^2-\beta^2(2K_1-K^2)}.$$

95. Prenons les signes supérieurs dans V et V' : dans le passage de V à V', les derniers termes se changent l'un dans l'autre; il doit donc en être de même des deux premiers. Par conséquent le second terme de V est le premier de V'; ce qui donne

$$V=\frac{1}{\sqrt{2K_1-K^2-n^2(K'^2-2K_2)}}\operatorname{arc\,tang}\frac{\sqrt{r^2-n^2(K'-c)^2}}{\sqrt{2K_1-K^2-n^2(K'^2-2K_2)}}$$
$$\frac{\beta y(K'-K)-(K'-z)[K_1-K_2+(K'-K)\gamma]}{a[\beta y+(K'-\gamma)(K'-z)-(K'^2-2K_2)]+x[K_1-K_2+(K'-K)c}$$

$$+\frac{1}{\sqrt{2_1K-K^2-n^2(K'^2-2K_2)}}\operatorname{arc\,tang}\frac{\sqrt{n^2\theta^2-(K-\gamma)^2}}{\sqrt{2K_1-K^2-n^2(K'^2-2K_2)}}$$

$$\frac{ax(K-K')-(K-z)[K_2-K_1+(K-K')c]}{\beta[ax+(K-c)(K-z)-(K^2-2K_1)]+y[K_2-K_1+(K-K')\gamma]}$$

$$+\int\frac{K'-c}{\sqrt{r^2-n^2(K'-c)^2}}\,\frac{a(K'-K)\,dc-[K_1-K_2+(K'-K)\,c]\,da}{[K_1-K_2+K'-K)c]^2-a^2(2K_2-K'^2)}$$

$$+\int\frac{K-\gamma}{\sqrt{n^2\theta^2-(K-\gamma)^2}}\,\frac{-d\gamma(K'-K)\beta+[K_1-K_2+(K'-K)\gamma]\,d\beta}{[K_1-K_2+\gamma(K'-K)]^2-\beta^2(2K_1-K^2)}=0.$$

Dans cette intégrale, les deux radicaux $\sqrt{r^2-n^2(K'-c)^2}$, $\sqrt{n^2\theta^2-(K-\gamma)^2}$ sont susceptibles chacun d'un signe quelconque.

En raison de ce que

$$ax+c(z-K)+K_1=\beta y+\gamma(z-K')+K_2,$$

on aura encore

$$V=\operatorname{arc\,tang} r_1\frac{P}{D}+\operatorname{arc\,tang}\rho_1\frac{P'}{D'}+\int\frac{K'-c}{r_1}\,\frac{a(K'-K)\,dc-[K_1-K_2+(K'-K)c]\,da}{[K_1-K_2+(K'-K)c]^2-a^2(2K_2-K'^2)}$$
$$+\int\frac{K-\gamma}{\rho_1}\,\frac{\beta(K-K')\,d\gamma-[K_2-K_1+(K-K')\gamma]\,d\beta}{[K_2-K_1+(K-K')\gamma]^2-\beta^2(2K_1-K^2)}=0;$$

en faisant

$$P=ax(K'-K)-(K-z)[K_1-K_2+(K'-K)c],$$
$$P'=\beta y(K-K')-(K'-z)[K_2-K_1+(K-K')\gamma],$$
$$D=a[ax+(K-z)(K'-c)]+x[K_1-K_2+(K'-K)c],$$
$$D'=\beta[\beta y+(K'-z)(K-\gamma)]+y[K_2-K_1+(K-K')\gamma];$$

de sorte que $\quad P+P'=0,$

et $\quad r_1=\sqrt{\dfrac{r^2-n^2(K'-c)^2}{2K_1-K^2-n^2(K'^2-2K_2)}},\quad \rho_1=\sqrt{\dfrac{\theta^2-\dfrac{1}{n^2}(K-\gamma)^2}{2K_2-K'^2-\dfrac{1}{n^2}(K^2-2K_1)}}.$

Comme, d'après les formules du § 86, on doit avoir $r^2-n^2(K'-c)^2>0$, $\theta^2-\frac{1}{n^2}(K-\gamma)^2>0$, l'intégrale précédente convient au cas où l'on a

$$2K_1-K^2-n^2(K'^2-2K_2)>0.$$

S'il en est autrement, l'intégrale se changera en

$$V=\frac{1}{2}l\pm\frac{Pr'_1-D}{Pr'_1+D}+\frac{1}{2}l\pm\frac{P'r'_1-D'}{P'r'_1+D'}+\int\frac{K'-c}{r'_1}\frac{a(K'-K)dc-[K_1-K_2+(K'-K)c]da}{[K_1-K_2+(K'-K)c]^2-a^2(2K_2-K'^2)}$$
$$+\int\frac{K-\gamma}{\rho'_1}\frac{\beta(K-K')d\gamma-[K_2-K_1+(K-K')\gamma]d\beta}{[K_2-K_1+(K-K')\gamma]^2-\beta^2(2K_1-K^2)},$$

en posant

$$r'=\sqrt{\frac{r^2-n^2(K'-c)^2}{-2K_1+K^2+n^2(K'^2-2K_2)}},\quad \rho'_1=\sqrt{\frac{\theta^2-\frac{1}{n^2}(K-\gamma)^2}{-2K_2+K'^2+\frac{1}{n^2}(K^2-2K_1)}}.$$

96. Pour terminer nous ferons remarquer que les équations (1) et (2), quand on passe aux surfaces parallèles, deviennent

$$(x'-a)^2+y'^2+(z'-c)^2=a^2+c^2-2c(K-Nn)+2(K_1-K'Nn)+N^2,$$
$$-p(x'-a)-qy'+z'-c=n\left[c-\left(K'-\frac{N}{n}\right)\right]\sqrt{1+p^2+q^2},$$
$$x'^2+(y'-\beta)^2+(z'-\gamma)^2=\beta^2+\gamma^2-2\gamma\left(K'-\frac{N}{n}\right)+2\left(K_2-K\frac{N}{n}\right)+N^2,$$
$$-px'-q(y'-\beta)+z'-\gamma=\frac{1}{n}[\gamma-(K-Nn)]\sqrt{1+p^2+q^2}.$$

Si l'on pose

$$H=K-Nn,\qquad 2H_1=2(K_1-K'Nn)+N^2,$$
$$H'=K'-\frac{N}{n},\qquad 2H_2=2\left(K_2-K\frac{N}{n}\right)+N^2,$$

il s'ensuit

$$(x'-a)^2+y'^2+(z'-c)^2=a^2+c^2-2cH+2H_1=r'^2,$$
$$-p(x'-a)-qy'+z'-c=n(c-H')\sqrt{1+p^2+q^2},$$
$$x'^2+(y'-\beta)^2+(z'-\gamma)^2=\beta^2+\gamma^2-2\gamma H'+2H_2=\theta'^2,$$
$$-px'-q(y'-\beta)+z'-\gamma=\frac{1}{n}(\gamma-H)\sqrt{1+p^2+q^2};$$

de sorte que pour passer d'une surface pour laquelle les constantes sont

$$n,\quad K,\quad K',\quad K_1,\quad K_2$$

à une surface parallèle qui en soit à la distance N, il n'y aura qu'à remplacer ces constantes par

$$n, \quad H, \quad H', \quad H_1, \quad H_2$$

dans l'intégrale V, en tenant compte de leurs valeurs précédentes.

FIN.

Paris. — Imprimé par E. Thunot et Cie, rue Racine, 26.

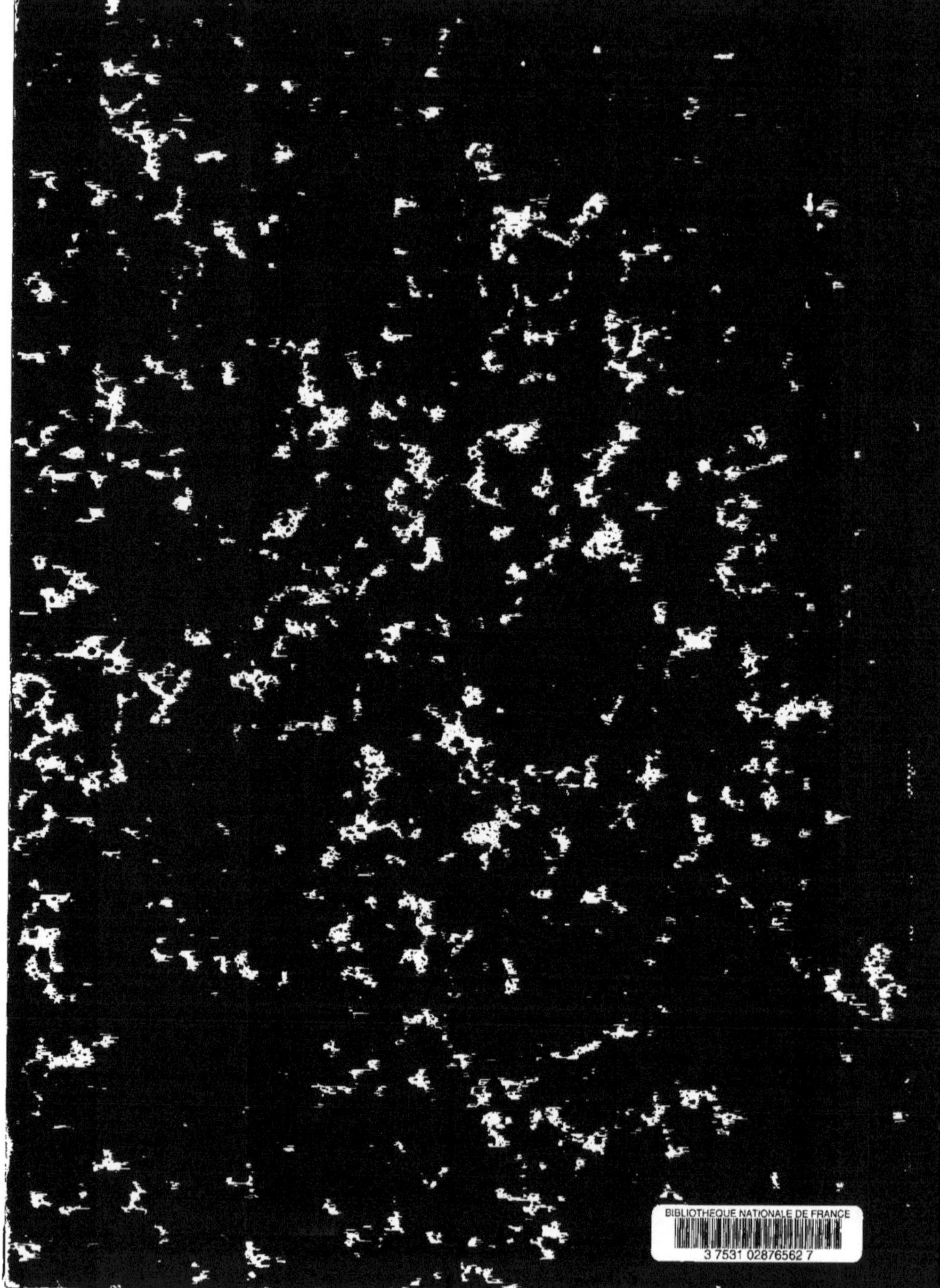

www.ingramcontent.com/pod-product-compliance
Ingram Content Group UK Ltd.
Pitfield, Milton Keynes, MK11 3LW, UK
UKHW022115190726
13855UKWH00003B/875

9 782013 360159